高等职业院校
物联网应用技术专业"十二五"规划系列教材

嵌入式系统基础及应用

QIANRUSHI XITONG JICHU JI YINGYONG

总 主 编　任德齐

副总主编　陈 良　程远东

主　　编　焦 键　郑雪娇

副 主 编　钱 游　许艳英

主　　审　黄贻培

重庆大学出版社

内容提要

本书以培养学生职业能力为核心,以项目为载体,采用任务驱动方式编写,主要介绍了ARM & Linux嵌入式应用技术的相关知识。全书编写围绕培养高职院校高技能应用型人才为目标,以技能操作、技术应用为主线,突出了应用性和针对性。

本书内容由浅入深,具有很强的操作性和实用性。本书可作为物联网应用技术专业高职高专、本科嵌入式课程"教、学、做"一体化的教材,也可作为电子信息、应用电子、自动控制等专业的嵌入式课程教材及相关嵌入式技术爱好者的学习参考书。

图书在版编目(CIP)数据

嵌入式系统基础及应用/焦键,郑雪娇主编.—重庆:重庆大学出版社,2014.6

高等职业院校物联网应用技术专业系列教材

ISBN 978-7-5624-8134-8

Ⅰ.①嵌… Ⅱ.①焦 …②郑… Ⅲ.①微型计算机—系统设计—高等职业教育—教材 Ⅳ.①TP360.21

中国版本图书馆 CIP 数据核字(2014)第 076514 号

高等职业院校物联网应用技术专业系列教材

嵌入式系统基础及应用

主 编 焦 键 郑雪娇
副主编 钱 游 许艳英
主 审 黄贻培

责任编辑:陈一柳   版式设计:陈一柳
责任校对:邹 忌   责任印制:赵 晟

*

重庆大学出版社出版发行
出版人:邓晓益
社址:重庆市沙坪坝区大学城西路 21 号
邮编:401331
电话:(023) 88617190   88617185(中小学)
传真:(023) 88617186   88617166
网址:http://www.cqup.com.cn
邮箱:fxk@ cqup.com.cn(营销中心)
全国新华书店经销
自贡兴华印务有限公司印刷

*

开本:787×1092   1/16   印张:17.5   字数:394 千
2014 年 6 月第 1 版   2014 年 6 月第 1 次印刷
印数:1—3 000
ISBN 978-7-5624-8134-8   定价:34.00 元

物联网应用技术专业教材编委会

序 言

近几年来,物联网作为新一代信息通信技术,继计算机、互联网之后掀起了席卷世界的第三次信息产业浪潮。信息产业第一次浪潮兴起于 20 世纪 50 年代,以信息处理 PC 机为代表;20 世纪 80 年代,以互联网、通信网络为代表的信息传输推动了信息产业的第二次浪潮;而 2008 年兴起的以传感网、物联网为代表的信息获取或信息感知,推动信息产业进入第三次浪潮。

与错失前两次信息产业浪潮不同,我国与国际同步开始物联网的研究。2009 年 8 月,温家宝总理在视察中科院无锡物联网产业研究所时提出"感知中国"概念,物联网被正式列为国家五大新兴战略性产业之一。当前我国在物联网国际标准制定、自主知识产权、产业应用和制造等方面均具有一定的优势,成为国际传感网标准化的四大主导国之一。据不完全统计,目前全国已有 28 个省市将物联网作为新兴产业发展重点之一。2012 年国家发布了《物联网"十二五"发展规划》,物联网将大量应用于智能交通、智能物流、智能电网、智能医疗、智能环保、智能农业等重点行业领域中。业内预计,未来五年全球物联网产业市场将呈现快速增长态势,年均增长率接近 25%。保守预计,到 2015 年中国物联网产业将实现 5000 多亿元的规模,年均增长率达 11% 左右。

产业的发展离不开人才的支撑,急需大批的物联网应用技术高素质技能人才。物联网广阔的行业应用领域为高等职业教育敞开了宽广的大门,带来了无限生机,越来越多的院校开办这个专业。截至 2012 年,国内已有 400 余所高职院校开设了物联网相关专业(方向),着眼培养物联网应用型人才。由于物联网属于电子信息领域的交叉领域,物联网应用技术专业与电子、计算机以及通信网络等传统电子信息专业有何差异? 物联网应用技术人才需要掌握的专业核心技能究竟是哪些? 物联网应用技术专业该如何建设? 这些问题需要深入思考。作为新专业有许多工作要做:制订专业的培养方案、专业课程体系、实训室建设,同时急需要开发与之配套的教材、教学资源。

2012 年 6 月,针对物联网专业建设过程中面临的共性问题,重庆工商职业学院、重庆电子工程职业学院、重庆城市管理职业学院、绵阳职业技术学院、四川信息职业技术学院、成都职业技术学院、贵州交通职业技术学院、武汉职业技术学院、九江职业技术学院、重庆正大软件职业技术学院、四川工程职业技术学院、重庆航天职业技术学院、重庆管理职业学院、重庆科创职业学院、昆明冶金高等专科学校、陕西工业职业技术学院等西部国家示范和国家骨干高职学院联合倡议,在重庆大学、四川大学等"985"高校专家的指导下,在重庆物联网产业联盟组织的支持下,依托重庆大学出版社,发起成立了国内第一个由"985"高校专家、行业专家、职业学院教师等物联网行业技术与教育精英人才组成的"全国高等职业院校物联网应用技术专业研究协作会"（简称协作会）。旨在开发物联网信息资源、探索与研究职业教育中物联网应用技术专业的特点与规律、推进物联网教学模式改革及课程建设。协作会的成立为"雾里看花"的国内高职物联网相关专业教学人员提供了一个交流、研讨、资源开发的平台，促进高职物联网应用技术专业又快又好地发展。

在协作会的统一组织下，汇集国内行业技术专家与众多高职院校从事物联网相关专业教学的资深教师联合编撰的物联网应用技术专业系列教材是"协作会"推出的第一项成果。本套教材根据物联网行业对应用技术型人才的要求进行编写，紧跟物联网行业发展进度和职业教育改革步伐，注重学生实际动手能力的培养，突出物联网企业实际工作岗位的技能要求，使教材具有良好的实践性和实用价值。帮助学生掌握物联网行业的各种技术、规范和标准，提高技能水平和实践能力，适应物联网行业对人才的要求，提高就业竞争力。系列教材具有以下特点：

1. 遵循"由易到难、由小到大"的规律构建系列教材

以学生发展为中心。满足学生需要，重视学生的个体差异和情感体验，提倡教学中设计有趣而丰富的活动，引导学生参与、参与、再参与。

教材编写时根据教学对象的知识结构和思维特点，按照学生的认知规律，由小而简单的知识开始，便于学生掌握基本的知识点和技能点，再逐步由小知识一步步叠加构成后面的大而相对复杂的知识，这样可以避免学生产生学习过程中的畏难情绪，有利于教与学。

2. 校企合作，精心选择、设计任务载体

系列教程编写过程中强调行业人员参与，每本教材都有行业一线技术专家参加编写，注重案例分析，以案例示范引领教学。根据课程特点，部分教材将编写成项目形式，将课程内容划分为几个课题，每个课题分解成若干个任务，精心选择、设计每一课题的每一个任务。各个任务中的主要知识点蕴含在各个任务载体中，学生围绕每个任务的实现而循序渐进地学习，实现相应的教学目标，从而激发学生的学习兴趣，树立学生的学习信心。

3. 教材编写遵循"实用、易学、好教"的原则

教材内容根据"实用、易学、好教"的原则编写，尽量选择生活、生产实际中的实例，突出学以致用，淡化理论推导，着重分析，简化原理讲解，突出常用的功能以及应用，使学生易学，老师好教。

我们深信，这套系列教材的出版，将会有效地推动全国高等职业院校物联网应用技术专业的教学发展，填补国内高职院校物联网技术应用专业系列教材的空白。

本系列教材比较准确地把握了物联网应用技术专业课程的特征，既可作为高职学院物联网应用技术专业的课程教材，也可作为职业培训机构的物联网相关技术培训教材，对从事物联网工作的工程技术人员也有学习参考价值。当然，鉴于物联网技术仍处于发展阶段，编者的理论水平和实践能力有限，本套教材可能存在一定缺陷和疏漏，我们衷心希望使用本系列教材的院校和师生提出宝贵建议和意见，使该系列教材得到不断的完善。

总主编　任德齐

2013 年 1 月

前　言

　　嵌入式技术是继网络技术之后,又一个新的技术发展方向。嵌入式系统是计算机软件与硬件的完美结合,广泛地应用于手持设备、信息家电、仪器仪表、汽车电子、医疗仪器、工业控制、航天航空等各个领域,并嵌入在各类设备之中,起着核心作用。

　　嵌入式系统已经无处不在,无疑是当前最有前途、最为热门、最需人才的技术领域。在嵌入式系统的学习过程中,建议读者抓住"七个一"来学习:一个体系结构、一款微处理器、一款开发板、一种操作系统、一种驱动程序、一类开发环境、一类开发方法。

七个一	说　明
一个体系结构	流行的体系结构主要包括 x86、PowerPC、ARM、MIPS、68K/ColdFire 等几十种。推荐读者学习 ARM 体系结构和 ARM 技术
一款微处理器	基于 ARM 核的处理器主要包括 SamSung 的 S3Cx、Atmel 的 ATSAMx 等几十个系列。推荐读者学习 SamSung 基于 ARM920T 的 S3C2410 微处理器
一款开发板	基于 S3C2410 微处理器的开发板(实验箱)很多,板上主要包括 Flash、SDRAM、LCD 接口、串行口、以太网口、USB 口、IIS 口、CF 卡/IDE 口、KBD/LED 接口等。推荐读者自己开发一款开发板
一种操作系统	流行的嵌入式操作系统主要包括 Linux、VxWorks、μC/OS-II 等几十种。推荐读者研读开源的 Linux 的源代码
一种驱动程序	主要包括 BootLoader、LCD、串行口、以太网口、USB 口、CF 卡/IDE 口的驱动程序等。推荐读者开发 BootLoader、LCD、串行口、以太网口、USB 口等的驱动程序
一类开发环境	ARM 的主流开发环境 ADS、RVDS、RVMDK、IAR 等集成开发环境。还包括 Linux C 开发环境。推荐读者选用 Linux C 开发环境或 RVDS
一类开发方法	自己独立开发一款开发板、研读一个操作系统、设计一个 BootLoader、移植一个操作系统、开发部分驱动程序(如串行口、以太网口等)

　　实际上,虽然说嵌入式系统纷杂繁多,但是都符合"七个一"的组织结构。因此,只要读者能够完整地学习一款嵌入式系统的应用,那么在以后的实际工作中,不论遇到何种嵌入式系统,都能够独立开发应用了。嵌入式处理器和嵌入式操作系统种类繁多,初学者在学习嵌入式系统时,都存在应该选择何种嵌入式处理器、何种嵌入式操作系统来学习等疑问。本书选择了 ARM 体系结构、基于 ARM920T 的 S3C2410 微处理器、Red Hat Linux9.0 操作系统、Linux C 开发环境,由浅入深地对其逐一详细分析和研究,最终引导读者自己开

发应用一款开发板、编写启动代码、移植 Linux 内核和开发部分应用,直到开发板成功运行。

　　本书以读者独立完成一款开发板为目的,通过 6 个项目,共计 15 个任务,展开系统、完整的学习,最终让读者经历一个具有丰富功能的开发板项目开发应用的全过程。

　　本书由重庆科创职业学院焦键和郑雪娇任主编,重庆科创职业学院许艳英和钱游任副主编,重庆科创职业学院黄贻培教授主审。焦键对全书的编写思路和项目设计进行了总体规划,指导全书编写工作,并编写了项目一、三、五;郑雪娇编写了项目二、四,并负责全书的统稿;许艳英和钱游编写了项目六和附录部分。

　　在项目实施过程中,编者参考了北京博创兴业科技有限公司编著的《UP-Net ARM2410-S Linux 实验指导书》,在此对该指导书的编者表示感谢。鉴于编写时间紧迫,编者水平有限,书中可能会有不妥之处,敬请广大读者批评指正。

编　者　焦　键

2013 年 6 月

目录 CONTENS

项目一　嵌入式系统认知

任务　熟识嵌入式系统

【任务目的】

通过对嵌入式系统产品的调研,了解嵌入式系统的组成及应用,熟悉嵌入式系统产品应用开发流程,为嵌入式系统实践操作获取一定的信息。

【任务要求】

1. 近距离接触嵌入式开发实验平台,熟悉嵌入式平台应用开发流程。
2. 对嵌入式产品的应用及需求进行调研。

【任务分析】

伴随着 20 世纪 90 年代末计算机网络的成熟发展,到 21 世纪,人类进入了所谓的后 PC 时代。后 PC 时代是指将计算机、通信和消费产品的技术结合起来,以 3C 产品的形式通过 Internet 进入家庭。在这一阶段,人们开始考虑如何将客户终端设备变得更加智能化、数字化,从而使得改进后的客户终端设备轻巧便利、易于控制或具有某些特定的功能。为了实现人们在后 PC 时代对客户终端设备提出的新要求,嵌入式技术(Embedded Technology)提供了一种灵活、高效和高性价比的解决方案。

嵌入式系统已经广泛地渗透到科学研究、工程设计、工业控制、文化娱乐、军事技术、电子商务等人们生活的方方面面。例如,智能仪器仪表、导弹、汽车控制系统、机器人、ATM (Automatic Teller Machine)、信息家电、智能手机等内部都有嵌入式系统。

嵌入式系统是非通用系统,是根据嵌入对象的特点而定制的硬软件环境。例如,用于手机的嵌入式系统就不能直接应用到数字电视中,用于导弹制导的嵌入式系统就不能直接应用于汽车的控制系统等。

【任务实施】

打开嵌入式实验平台,观察实验平台硬件组成。

本书使用的实验开发平台由北京博创兴业科技有限公司开发的 UP-NetARM2410-S 实验仪器。此平台的 CPU 为 ARM920T 内核的 S3C2410 芯片,S3C2410 是著名的半导体公司 SAMSUNG 推出的一款 32 位 RISC 处理器,它为手持设备和一般类型的应用提供了低价格、低功耗、高性能微控制器的解决方案。S3C2410 的内核基于 ARM920T,带有 MMU(Memory Management Unit)功能,可以运行标准的 ARM-LINUX 内核。采用 0.18 μm 工艺,其主频可

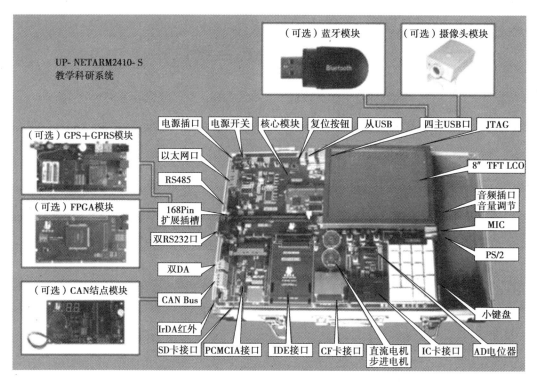

图 1-1　嵌入式实验平台硬件结构示意图

达 203 MHz,适合于对成本和功耗敏感的需求。同时,它还采用了 AMBA(Advanced Micro-controller Bus Architecture)的新型总线结构,实现了 MMU、AMBA BUS、Harvard 的高速缓冲体系结构,同时支持 Thumb16 位压缩指令集,从而能以较小的存储空间需求,获得 32 位的系统性能。

　　UP-NetARM2410-S 的硬件配置见表 1-1。

表 1-1　硬件配置

	配置名称	型　号	说　明
处理器核心板	CPU	ARM920T 结构芯片三星 S3C2410X	工作频率 203 MHz
	FLASH	SAMSUNG　K9F1208	64 M NAND
	SDRAM	HY57V561620AT-H	32 M ×2 = 64 M
外围接口及设备	EtherNet 网卡	AX88796	10/100 M 自适应
	LCD	Q080V3DG01	8 寸 16 bit TFT
	触摸屏	LSX-080-W4R-FB	FM7843 驱动
	USB 接口	4 个 HOST /1 个 DEVICE	由 AT43301 构成 USB HUB
	UART/IrDA	2 个 RS232,1 个 RS485,1 个 IrDA	从处理器的 UART2 引出
	AD	由 S3C2410 芯片引出	3 个电位器控制输入

续表

	配置名称	型　号	说　明
外围接口及设备	AUDIO	UDA1341 芯片	44.1 kHz 音频
	扩展卡插槽	168Pin EXPORT	总线直接扩展
	GPS_GPRS 扩展板	SIMCOM 的 SIM300-E 模块	支持双道语音通信
	IDE/CF 卡插座	笔记本硬盘,CF 卡	
	PCMCIA 和 SD 卡插座		
	PS2	PC 键盘和鼠标	由 ATMEGA8 单片机控制
	IC 卡座	AT24CXX 系列	由 ATMEGA8 单片机控制
	DC/STEP 电机	DC 由 PWM 控制,STEP 由 74HC573 控制	
	CAN BUS	由 MCP2510 和 TJA1050 构成	
	DA	MAX504	一个 10 位 DAC 端口
	调试接口	JTAG	14 针、20 针

1. S3C2410 **芯片**

S3C2410X 芯片集成了大量的功能单元,包括:

- 内部 1.8 V,存储器 3.3 V,外部 I/O 为 3.3 V,16 kB 数据 CACH,16 kB 指令 CACH,MMU;
- 内置外部存储器控制器(SDRAM 控制和芯片选择逻辑);
- LCD 控制器(最高 4K 色 STN 和 256K 彩色 TFT),1 个 LCD 专用 DMA;
- 4 路带外部请求线的 DMA;
- 3 个通用异步串行端口(IrDA1.0, 16-Byte Tx FIFO, and 16-Byte Rx FIFO),2 通道 SPI;
- 1 个多主 IIC 总线,1 个 IIS 总线控制器;
- SD 主接口版本 1.0 和多媒体卡协议版本 2.11 兼容;
- 2 个 USB HOST,1 个 USB DEVICE(VER1.1);
- 4 个 PWM 定时器和 1 个内部定时器;
- 看门狗定时器;
- 117 个通用 IO;
- 24 个外部中断;
- 电源控制模式:标准、慢速、休眠、掉电;
- 8 通道 10 位 ADC 和触摸屏接口;
- 带日历功能的实时时钟;
- 芯片内置 PLL;

- 设计用于手持设备和通用嵌入式系统；
- 16/32 位 RISC 体系结构,使用 ARM920T CPU 核的强大指令集；
- ARM 带 MMU 的先进的体系结构支持 WINCE,EPOC32,LINUX；
- 指令缓存(cache)、数据缓存、写缓冲和物理地址 TAG RAM,减小了对主存储器带宽和性能的影响；
- ARM920T CPU 核支持 ARM 调试的体系结构；
- 内部先进的位控制器总线(AMBA2.0, AHB/APB)。

2. 系统管理

- 小端/大端支持；
- 地址空间:每个 BANK 128MB(全部 1 GB)；
- 每个 BANK 可编程为 8/16/32 位数据总线；
- bank 0 到 bank 6 为固定起始地址；
- bank 7 可编程 BANK 起始地址和大小；
- 一共 8 个存储器 BANK；
- 6 个存储器 BANK 用于 ROM, SRAM 和其他；
- 2 个存储器 BANK 用于 ROM, SRAM 和同步 DRAM；
- 每个存储器 BANK 可编程存取周期；
- 支持等待信号用以扩展总线周期；
- 支持 SDRAM 掉电模式下的自刷新；
- 支持不同类型的 ROM 用于启动 NOR/NAND Flash, EEPROM 和其他。

【任务小结】

通过 UP-NetARM2410-S 实验平台近距离接触与分析,让读者对嵌入式系统产品的组成及结构有了初步的了解和直观的认知。同时,进一步引起读者对嵌入式系统应用及操作的兴趣。

【知识点梳理】

知识点一　嵌入式系统概述

嵌入式系统是以应用为中心,以计算机控制系统为基础,并且软硬件可裁剪,适用于应用系统对功能、可靠性、成本、体积、功耗有严格要求的专用计算机系统。

它具有"嵌入性""专用性"与"计算机系统"的三个基本要素。

嵌入式系统的特点可概括为:

①面向特定应用的特点。

②嵌入式系统的硬件和软件都必须进行高效地设计,量体裁衣、去除冗余,力争在同样

的硅片面积上实现更高的性能,这样才能在具体应用中对处理器的选择更具有竞争力。

③嵌入式系统是将先进的计算机技术、半导体技术和电子技术与各个行业的具体应用相结合后的产物。

④为了提高执行速度和系统可靠性,嵌入式系统中的软件一般都固化在存储器芯片中或单片机本身,而不是存储于磁盘中。

⑤嵌入式开发的软件代码尤其要求高质量、高可靠性。

⑥嵌入式系统本身不具备二次开发能力,即设计完成后用户通常不能在该平台上直接对程序功能进行修改,必须有一套开发工具和环境才能进行再次开发。

1.嵌入式系统的发展

嵌入式系统的发展经历了以下 4 个阶段:

(1)无操作系统阶段

该阶段是以单片机为核心的可编程控制器的形式存在。没有操作系统的支持,只能通过汇编语言对系统进行直接控制,完成诸如监测、伺服、设备指示等功能。系统结构和功能相对单一,处理效率较低,存储容量较小,几乎没有用户接口。

(2)简单操作系统阶段

20 世纪 80 年代,随着微电子工艺水平的提高,出现把微处理器、I/O 接口、串行接口以及 RAM(Random Access Memory)、ROM(Read Only Memory)等部件集成在一片 VLSI(Very Large Scale Integration)中的微控制器。同时,出现简单的操作系统,形成以嵌入式微处理器为基础,以简单的操作系统为核心的初级嵌入式系统。其主要特点是处理器种类多,通用性较弱,系统效率较高,成本低,操作系统具有一定的兼容性、扩展性,但用户界面简单。

(3)实时操作系统阶段

随着硬件实时性要求的提高,嵌入式系统的软件规模也不断扩大,逐渐形成了实时多任务操作系统(Real Time Operating System,RTOS),并开始成为嵌入式系统的主流。其主要特点是操作系统的实时性得到了很大改善,已经能够运行在各种不同类型的微处理器上,具有高度的模块化和扩展性,并且已经具备了文件和目录管理、设备管理、多任务、网络、图形用户界面(Graphical User Interface,GUI)等功能,并提供大量的应用程序接口(Application Programming Interface,API),从而使得应用软件的开发变得更加简单。

(4)面向 Internet 阶段

随着 Internet 网络的飞速发展,将嵌入式系统应用到各种网络环境中的需求也越来越多。内置 Internet 网络功能的各种嵌入式系统设备的出现是该阶段的主要特点,例如 3G/4G(3rd-generation/4th-generation)手机、上网本、PDA(Personal Digital Assistant)、Moblin(Mobile Linux)等。

2.嵌入式系统组成

嵌入式系统作为一类特殊的计算机系统,由硬件层、中间层、系统软件层和应用软件层组成,如图 1-2 所示。

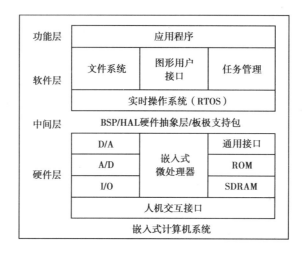

图 1-2　嵌入式系统的软/硬件框架

1）硬件层

硬件层中包含嵌入式微处理器、存储器（SDRAM、ROM、Flash 等）、通用设备接口和 I/O 接口（A/D、D/A、I/O 等）。在一片嵌入式处理器基础上添加电源电路、时钟电路和存储器电路，就构成了一个嵌入式核心控制模块。其中操作系统和应用程序都可以固化在 ROM 中。

（1）嵌入式微处理器

嵌入式系统硬件层的核心是嵌入式微处理器，嵌入式微处理器与通用 CPU 最大的不同在于嵌入式微处理器大多工作在为特定用户群所专用设计的系统中，它将通用 CPU 许多由板卡完成的任务集成在芯片内部，从而有利于嵌入式系统在设计时趋于小型化，同时还具有很高的效率和可靠性。

嵌入式微处理器有各种不同的体系，即使在同一体系中也可能具有不同的时钟频率和数据总线宽度，或集成了不同的外设和接口。据不完全统计，目前全世界嵌入式微处理器已经超过 1 000 多种，体系结构有 30 多个系列，其中主流的体系有 ARM、MIPS、PowerPC、X86 和 SH 等。但与全球 PC 市场不同的是，没有一种嵌入式微处理器可以主导市场，仅以 32 位的产品而言，就有 100 种以上的嵌入式微处理器。嵌入式微处理器的选择是根据具体的应用而决定的。

（2）存储器

嵌入式系统需要存储器来存放和执行代码。嵌入式系统的存储器包含 Cache、主存和辅助存储器。

● Cache

Cache 是一种容量小、速度快的存储器阵列，它位于主存和嵌入式微处理器内核之间，存放的是最近一段时间微处理器使用最多的程序代码和数据。在需要进行数据读取操作时，微处理器尽可能地从 Cache 中读取数据，而不是从主存中读取，这样就大大改善了系统的性能，提高了微处理器和主存之间的数据传输速率。Cache 的主要目标就是：减小存储器（如主存和辅助存储器）给微处理器内核造成的存储器访问瓶颈，使处理速度更快，实时性更强。

在嵌入式系统中 Cache 全部集成在嵌入式微处理器内，可分为数据 Cache、指令 Cache

或混合 Cache,Cache 的大小依不同处理器而定。一般中高档的嵌入式微处理器才会把 Cache 集成进去。

●主存

主存是嵌入式微处理器能直接访问的寄存器,用来存放系统和用户的程序及数据。它可以位于微处理器的内部或外部,其容量为 256 kB ~ 1 GB,根据具体的应用而定,一般片内存储器容量小,速度快,片外存储器容量大。

常用作主存的存储器有:

ROM 类 NOR Flash、EPROM 和 PROM 等。

RAM 类 SRAM、DRAM 和 SDRAM 等。

其中 NOR Flash 凭借其可擦写次数多、存储速度快、存储容量大、价格便宜等优点,在嵌入式领域内得到了广泛应用。

●辅助存储器

辅助存储器用来存放大数据量的程序代码或信息,它的容量大,但读取速度与主存相比就慢得多,用来长期保存用户的信息。

嵌入式系统中常用的外存有:硬盘、NAND Flash、CF 卡、MMC 和 SD 卡等。

(3)通用设备接口和 I/O 接口

嵌入式系统和外界交互需要一定形式的通用设备接口,如 A/D、D/A、I/O 等,外设通过和片外其他设备的或传感器的连接来实现微处理器的输入/输出功能。每个外设通常都只有单一的功能,它可以在芯片外也可以内置芯片中。外设的种类很多,可从一个简单的串行通信设备到非常复杂的 802.11 无线设备。

目前嵌入式系统中,常用的通用设备接口有 A/D(模/数转换接口)、D/A(数/模转换接口),I/O 接口有 RS-232 接口(串行通信接口)、Ethernet(以太网接口)、USB(通用串行总线接口)、音频接口、VGA 视频输出接口、I2C(现场总线)、SPI(串行外围设备接口)和 IrDA(红外线接口)等。

2)中间层

硬件层与软件层之间为中间层,也称为硬件抽象层(Hardware Abstract Layer,HAL)或板级支持包(Board Support Package,BSP),它将系统上层软件与底层硬件分离开来,使系统的底层驱动程序与硬件无关,上层软件开发人员无须关心底层硬件的具体情况,根据 BSP 层提供的接口即可进行开发。该层一般包含相关底层硬件的初始化、数据的输入/输出操作和硬件设备的配置功能。BSP 具有以下两个特点:

①硬件相关性:因为嵌入式实时系统的硬件环境具有应用相关性,而作为上层软件与硬件平台之间的接口,BSP 需要为操作系统提供操作和控制具体硬件的方法。

②操作系统相关性:不同的操作系统具有各自的软件层次结构,因此,不同的操作系统具有特定的硬件接口形式。

实际上,BSP 是一个介于操作系统和底层硬件之间的软件层次,包括系统中大部分与硬件联系紧密的软件模块。设计一个完整的 BSP 需要完成两部分工作:嵌入式系统的硬件初始化以及 BSP 功能,设计硬件相关的设备驱动。

（1）嵌入式系统硬件初始化

系统初始化过程可以分为 3 个主要环节,按照自底向上、从硬件到软件的次序依次为:片级初始化、板级初始化和系统级初始化。

● 片级初始化

完成嵌入式微处理器的初始化,包括设置嵌入式微处理器的核心寄存器和控制寄存器、嵌入式微处理器核心工作模式和嵌入式微处理器的局部总线模式等。片级初始化把嵌入式微处理器从上电时的默认状态逐步设置成系统所要求的工作状态。这是一个纯硬件的初始化过程。

● 板级初始化

完成嵌入式微处理器以外的其他硬件设备的初始化。另外,还需设置某些软件的数据结构和参数,为随后的系统级初始化和应用程序的运行建立硬件和软件环境。这是一个同时包含软硬件两部分在内的初始化过程。

● 系统初始化

该初始化过程以软件初始化为主,主要进行操作系统的初始化。BSP 将对嵌入式微处理器的控制权转交给嵌入式操作系统,由操作系统完成余下的初始化操作,包含加载和初始化与硬件无关的设备驱动程序,建立系统内存区,加载并初始化其他系统软件模块,如网络系统、文件系统等。最后,操作系统创建应用程序环境,并将控制权交给应用程序的入口。

（2）硬件相关的设备驱动程序

BSP 的另一个主要功能是硬件相关的设备驱动。硬件相关的设备驱动程序的初始化通常是一个从高到低的过程。尽管 BSP 中包含硬件相关的设备驱动程序,但是这些设备驱动程序通常不直接由 BSP 使用,而是在系统初始化过程中由 BSP 将它们与操作系统中通用的设备驱动程序关联起来,并在随后的应用中由通用的设备驱动程序调用,实现对硬件设备的操作。与硬件相关的驱动程序是 BSP 设计与开发中另一个非常关键的环节。

3）系统软件层

系统软件层由实时多任务操作系统(Real-time Operation System,RTOS)、文件系统、图形用户接口(Graphic User Interface,GUI)、网络系统及通用组件模块组成。RTOS 是嵌入式应用软件的基础和开发平台。

（1）嵌入式操作系统(EOS)

在大型嵌入式应用系统中,为了使嵌入式开发更方便、快捷,需要具备一种稳定、安全的软件模块集合,用以管理存储器分配、中断处理、任务间通信和定时器响应,以及提供多任务处理等,即嵌入式操作系统。嵌入式操作系统的引入大大提高了嵌入式系统的功能,方便了应用软件的设计,但同时也占用了宝贵的嵌入式系统资源。一般在比较大型或需要多任务的应用场合才考虑使用嵌入式操作系统。

（2）应用软件

嵌入式系统应用软件是实现嵌入式系统功能的关键。应用软件是针对特定的实际专业领域,基于相应的嵌入式硬件平台,并能完成用户与其任务的计算机软件。用户的任务可能有时间和精度的要求。有些应用软件需要嵌入式操作系统的支持,但在简单的应用场合下不需要专门的操作系统。

知识点二　嵌入式处理器

1. 处理器分类

（1）微处理器（Microprocessor Unit，MPU）

嵌入式微处理器的基础是通用计算机中的 CPU，在应用中，将为处理器装配在专门设计的电路板上，只保留与嵌入式应用相关的母版功能，这样可以大幅度减小系统体积和功耗，为满足嵌入式系统专用需求，在工作温度、抗电磁干扰、可靠性等方面都做了增强。

（2）微控制器（Microcontroller Unit，MCU）

微控制器又称单片机，微控制器的最大特点是单片化，体积大大减小，从而使功耗和成本下降、可靠性提高。微控制器是目前嵌入式系统工业的主流。微控制器的片上外设资源一般比较丰富，适合于控制，因此称为微控制器。

（3）嵌入式 EDSP（Embedded Digital Signal Processor，EDSP）

EDSP 处理器是专门用于信号处理方面的处理器，其在系统结构和指令算法方面进行了特殊设计，在数字滤波、FFT、谱分析等各种仪器上 EDSP 获得了大规模的应用。

（4）片上系统（System On Chip，SoC）

SoC 就是 System on Chip，SoC 是一种基于 IP（Intellectual Property）核嵌入式系统设计技术。它结合了许多功能区块，将功能做在一个芯片上，ARM RISC、MIPS RISC、DSP 或其他微处理器核心，加上通信的接口单元，例如通用串行端口（USB）、TCP/IP 通信单元、GPRS 通信接口、GSM 通信接口、IEEE1394、蓝牙模块接口等，这些单元以往都是依照各单元的功能做成一个个独立的处理芯片。

2. 典型的嵌入式处理器

（1）ARM 处理器

ARM（Advanced RISC Machines）公司是全球领先的 16/32 位 RISC 微处理器知识产权设计供应商。ARM 公司通过将其高性能、低成本、低功耗的 RISC 微处理器、外围和系统芯片设计技术转让给合作伙伴来生产各具特色的芯片。ARM 公司已成为移动通信、手持设备、多媒体数字消费嵌入式解决方案的 RISC 标准。

ARM 处理器有 3 大特点：

- 小体积、低功耗、低成本而高性能；
- 16/32 位双指令集；
- 在全球拥有众多的合作伙伴。

ARM 处理器分 ARM7、ARM9、ARM9E、ARM10、ARM11 和 Cortex 系列。基于 ARM 核的产品有如下：

- Intel 公司的 XSCALE 系列；

- Freescale 公司的龙珠系列 i.MX 处理器；
- TI 公司的 DSP + ARM 处理器 OMAP 及 C5470/C5741；
- Cirrus Logic 公司的 ARM 系列：EP7212、EP7312、EP9312 等；
- SamSung 公司的 ARM 系列：S3C44B0、S3C2410、S3C24A0 等；
- Atmel 公司的 AT9I 系列微控制器：AT91M40800、AT91FR40162、AT91RM9200 等；
- Philips 公司的 ARM 微控制器：LPC2104、LPC2210、LPC3000 等。

（2）MIPS 处理器

MIPS 是 MicroProcessor without Interlocked Pipeline Stages 的缩写，是一种处理器内核的标准，它是由 MIPS 技术公司开发的。技术公司是一家设计制造高性能、高档次嵌入式 32/64 位处理器的厂商。在 RISC 处理器方面占有重要地位。

MIPS 公司设计 RISC 处理器始于 20 世纪 80 年代初，其战略现已发生变化，重点已放在嵌入式系统。1999 年，MIPS 公司发布陆续开发了高性能、低功耗的 32 位处理器核 MIPS 32 4Kc 与高性能 64 位处理器核 MIPS 64 5Kc。为了使用户更加方便地应用 MIPS 处理器，MIPS 公司推出了一套集成开发工具，称为 MIPS IDF（Integrrated Development Framework），特别适合嵌入式系统地开发。

MIPS 的定位很广。在高端市场它有 64 位的 20Kc 系列，在低端市场有 SmartMIPS。广泛应用于机顶盒设备、视频游戏机、网络设备、办公自动化设备等。

（3）PowerPC 处理器

PowerPC 体系结构的特点是伸缩性好，方便灵活。PowerPC 处理器品种很多，既有通用处理器，又有微处理器和内核，应用范围非常广泛，从高端的工作站、服务器到台式计算机系统，从消费类电子产品到大型通信设备，无所不包。

基于 PowerPC 体系结构的处理器有 IBM 公司开发的 PowerPC 405 GP，它是一个集成 10/100 Mbps 以太网控制器、串行和并行端口、内存控制器以及其他外设的高性能嵌入式处理器。

（4）MC68K/Coldfire 处理器

Apple 机以前是用的就是 Motorola 68K，比 Intel 公司的 8088 还要早。但现在 Apple、Motorola 公司已放弃 68K 而专注于 ARM 了。

（5）X86 处理器

X86 系列处理器是最常用的，它起源于 Intel 架构的 8080，发展到现在的 Pentium 4、Athlon 和 AMD 的 64 微处理器 Hammer。

知识点三　ARM 技术概述

1990 年 ARM 公司成立于英国剑桥，主要出售芯片设计技术的授权。目前，采用 ARM 技术知识产权（IP）核的微处理器，即通常所说的 ARM 微处理器，已遍及工业控制、消费类电子产品、通信系统、网络系统、无线系统等各类产品市场，基于 ARM 技术的微处理器应用约占据了 32 位 RISC 微处理器 75% 以上的市场份额，ARM 技术正在逐步渗入我们生活的各个方面。

ARM(Advanced RISC Machines)既可以认为是一个公司的名字,也可以认为是对一类微处理器的通称,还可以认为是一种技术的名字。

ARM公司是专门从事基于RISC技术芯片设计开发的公司,作为知识产权供应商,本身不直接从事芯片生产,靠转让设计许可由合作公司生产各具特色的芯片,世界各大半导体生产商从ARM公司购买其设计的ARM微处理器核,根据各自不同的应用领域,加入适当的外围电路,从而形成自己的ARM微处理器芯片进入市场。

据最新统计,全球有103家巨型IT公司在采用ARM技术,20家最大的半导体厂商中有19家是ARM的用户,包括德州仪器、意法半导体、Philips、Intel等。ARM系列芯片已经被广泛地应用于移动电话、手持式计算机以及各种各样的嵌入式应用领域,成为世界上销量最大的32位微处理器。ARM公司成功的原因归功于其三位一体的核心竞争力。首先是其领先业界的产品和技术;其次是其独辟蹊径、最先缔造的知识产权授权商业模式;最后是其庞大、稳固的产业联盟。

1. ARM 技术特征

ARM是一种先进的RISC(精简指令集)微处理器,它与CISC(复杂指令集)的区别见表1-2。

表1-2 RISC 与 CISC 的区别

指 标	RISC	CISC
指令系统	指令系统经过精简,一般都是常用指令,对不常用的功能,常通过组合指令来完成	指令系统比较丰富,有专用指令来完成特定的功能
存储器操作	对存储器操作有限制,使控制简单化	存储器操作指令多,操作直接
程序	汇编语言程序一般需要较大的内存空间,实现特殊功能时程序复杂,不易设计	汇编语言程序编程相对简单,科学计算及复杂操作的程序设计相对容易,效率较高
中断	在一条指令执行的适当地方可以响应中断	在一条指令执行结束后响应中断
CPU	RISC CPU包含有较少的单元电路,因而面积小、功耗低	CISC CPU包含有丰富的电路单元,因而功能强、面积大、功耗大
设计周期	RISC微处理器结构简单,布局紧凑,设计周期短,且易于采用最新技术	CISC微处理器结构复杂,设计周期长
用户使用	RISC微处理器结构简单,指令规整,性能容易把握,易学易用	CISC微处理器结构复杂,功能强大,实现特殊功能容易
应用范围	RISC机器更适合于专用机	CISC机器则更适合于通用机

从如上比较可看出 ARM 具有以下特点：

- 体积小、低功耗、低成本、高性能；
- 支持 Thumb(16 位)/ARM(32 位)双指令集,能很好地兼容 8 位/16 位器件；
- 大量使用寄存器,指令执行速度更快；
- 大多数数据操作都在寄存器中完成；
- 寻址方式灵活简单,执行效率高；
- 指令长度固定。

2. ARM 体系结构

ARM 处理器的产品系列非常广,包括 ARM7、ARM9、ARM9E、ARM10E、ARM11 和 SecurCore、Cortex 等。目前,ARM 体系结构共定义了 7 个基本版本,还包括一些变体版本。这些变体版本见表 1-3。

表 1-3　ARM 变体版本

类　型	含　义
T	Thumb 指令集
M	长乘法指令
E	增强型 DSP 指令
J	Java 加速器 Jazelle
NEON	NEON 媒体加速技术
VFP	VFP 向量浮点技术
TrustZone	TrustZone 安全技术

7 个基本版本具体如下：

- V1 结构

V1 版本的 ARM 处理器并没有实现商品化,采用的地址空间是 26 位,寻址空间是 64 MB,在目前的版本中已不再使用这种结构。

- V2 结构

与 V1 结构的 ARM 处理器相比,V2 结构的 ARM 处理器的指令结构要有所完善,比如增加了乘法指令并且支持协处理器指令,在该版本的处理器仍然是 26 位的地址空间。

- V3 结构

从 V3 结构开始,ARM 处理器的体系结构有了很大的改变,实现了 32 位的地址空间,指令结构相对前面的两种结构也所完善。

- V4 结构

V4 结构的 ARM 处理器增加了半字指令的读取和写入操作,增加了处理器系统模式,并且有了 T 变种—V4T,在 Thumb 状态下所支持的是 16 位的 Thumb 指令集。属于 V4T(支持 Thumb 指令)体系结构的处理器(核)有 ARM7TDMI、ARM7TDMI-S(ARM7TDMI 可综合版本)、ARM710T(ARM7TDMI 核的处理器)、ARM720T(ARM7TDMI 核的处理器)、ARM740T(ARM7TDMI 核的处理器)、ARM9TDMI、ARM910T(ARM9TDMI 核的处理器)、

ARM920T（ARM9TDMI 核的处理器）、ARM940T（ARM9TDMI 核的处理器）、StrongARM（Intel 公司的产品）。

- V5 结构

V5 结构的 ARM 处理器提升了 ARM 和 Thumb 两种指令的交互工作能力，同时有了 DSP 指令—V5E 结构、Java 指令—V5J 结构的支持。

属于 V5T（支持 Thumb 指令）体系结构的处理器（核）有 ARM10TDMI、ARM1020T（ARM10TDMI 核处理器）。

属于 V5TE（支持 Thumb、DSP 指令）体系结构的处理器（核）有 ARM9E、ARM9E-S（ARM9E 可综合版本）、ARM946（ARM9E 核的处理器）、ARM966（ARM9E 核的处理器）、ARM10E、ARM1020E（ARM10E 核处理器）、ARM1022E（ARM10E 核的处理器）、Xscale（Intel 公司产品）。

属于 V5TEJ（支持 Thumb、DSP 指令、Java 指令）体系结构的处理器（核）有 ARM9EJ、ARM9EJ-S（ARM9EJ 可综合版本）、ARM926EJ（ARM9EJ 核的处理器）、ARM10EJ。

- V6 结构

V6 结构是在 2001 年发布的，在该版本中增加了媒体指令，属于 V6 体系结构的处理器核有 ARM11（2002 年发布）。V6 体系结构包含 ARM 体系结构中所有的 4 种特殊指令集：Thumb 指令（T）、DSP 指令（E）、Java 指令（J）和 Media 指令。

- V7 结构

ARMv7 架构是在 ARMv6 架构的基础上诞生的。该架构采用了 Thumb-2 技术，它是在 ARM 的 Thumb 代码压缩技术的基础上发展起来的，并且保持了对现存 ARM 解决方案的完整的代码兼容性。Thumb-2 技术比纯 32 位代码少使用 31% 的内存，减少了系统开销，同时能够提供比已有的基于 Thumb 技术的解决方案高出 38% 的性能。ARMv7 架构还采用了 NEON 技术，将 DSP 和媒体处理能力提高了近 4 倍。并支持改良的浮点运算，满足下一代 3D 图形、游戏物理应用以及传统嵌入式控制应用的需求。Cortex 系列处理器是基于 ARMv7 架构的。表 1-4 中列出了一些常见的 ARM 系列处理器。

表 1-4 常见的 ARM 处理器

ARM 系列	包含类型
ARM7 系列	ARM7EJ-S、ARM7TDMI、ARM7TDMI-S、ARM720T
ARM9/9E 系列	ARM920T、ARM929T、ARM926EJ-S、ARM940T、ARM946E-S、ARM966E-S、ARM968E-S
向量浮点元算（Vector Floating Point）系列	VFP9-S、VFP10
ARM10E 系列	ARM1020E、ARM1022E、ARM1026EJ-S
ARM11 系列	ARM1136J-S、ARM1136JF-S、ARM1156T2（F)-S、ARM1176JZ（F)-S、ARM11、MP Core
Cortex 系列	Cortcx-M3、Cortex-A、Cortex-R
SecurCore 系列	SC100、SC110、SC200、SC210
其他合作产品	StrongARM、XScale、MBX

（1）ARM7 处理器系列

ARM7 内核采用冯·诺伊曼体系结构,数据和指令使用同一条总线。内核有一条 3 级流水线,执行 ARMv4 指令集。

ARM7 系列处理器主要用于对功耗和成本要求比较苛刻的消费类产品。其最高主频可以到达 130MIPS。ARM7 系列包括 ARM7TDMI、ARM7TDMI-S、ARM7EJ-S 和 ARM720T 4 种类型,主要用于适应不同的市场需求。

ARM7 系列处理器主要具有以下特点:

- 成熟的大批量的 32 位 RICS 芯片;
- 最高主频达到 130MIPS;
- 功耗低;
- 代码密度高,兼容 16 位微处理器;
- 开发工具多,EDA 仿真模型多;
- 调试机制完善;
- 提供 m0.25、m0.18 及 m0.13 的生产工艺;
- 代码与 ARM9 系列、ARM9E 系列及 ARM10E 系列兼容。

ARM7 系列处理器主要应用于下面一些场合:

- 个人音频设备(MP3 播放器、WMA 播放器、AAC 播放器);
- 接入级的无线设备;
- 喷墨打印机;
- 数码照相机;
- PDA。

（2）ARM9 处理器系列

ARM9 系列于 1997 年问世,采用了 5 级指令流水线,ARM9 处理器能够运行在比 ARM7 更高的时钟频率上,改善了处理器的整体性能;存储器系统根据哈佛体系结构(程序和数据空间独立的体系结构)重新设计,区分了数据总线和指令总线。

ARM9 系列的第一个处理器是 ARM920T,它包含独立的数据指令 Cache 和 MMU(Memory Management Unit,存储器管理单元)。此处理器能够被用在要求有虚拟存储器支持的操作系统上。该系列中的 ARM922T 是 ARM920T 的变种,只有一半大小的数据指令 Cache。

ARM940T 包含一个更小的数据指令 Cache 和一个 MPU(Micro Processor Unit,微处理器)。它是针对不要求运行操作系统的应用而设计的。ARM920T、ARM940T 都执行 v4T 架构指令。

ARM9 系列处理器主要应用于下面一些场合:

- 下一代无线设备,包括视频电话和 PDA 等;
- 数字消费品,包括机顶盒、家庭网关、MP3 播放器和 MPEG-4 播放器;
- 成像设备,包括打印机、数码照相机和数码摄像机;
- 汽车、通信和信息系统。

（3）ARM9E 处理器系列

ARM9 系列的下一代处理器基于 ARM9E-S 内核,这个内核是 ARM9 内核带有 E 扩展的一个可综合版本,包括 ARM946E-S 和 ARM966E-S 两个变种。两者都执行 v5TE 架构指令。它们也支持可选的嵌入式跟踪宏单元,支持开发者实时跟踪处理器上指令和数据的执行。当调试对时间敏感的程序段时,这种方法非常重要。

ARM946E-S 包括 TCM(Tightly Coupled Memory,紧耦合存储器)、Cache 和一个 MPU。TCM 和 Cache 的大小可配置。该处理器是针对要求有确定的实时响应的嵌入式控制而设计的。ARM966E-S 有可配置的 TCM,但没有 MPU 和 Cache 扩展。

ARM9 系列的 ARM926EJ-S 内核为可综合的处理器内核,发布于 2000 年。它是针对小型便携式 Java 设备,如 3G 手机和 PDA 应用而设计的。ARM926EJ-S 是第一个包含 Jazelle技术,可加速 Java 字节码执行的 ARM 处理器内核。它还有一个 MMU、可配置的 TCM 及具有零或非零等待存储器的数据/指令 Cache。

ARM9E 系列处理器主要应用于下面一些场合:

- 下一代无线设备,包括视频电话和 PDA 等;
- 数字消费品,包括机顶盒、家庭网关、MP3 播放器和 MPEG-4 播放器;
- 成像设备,包括打印机、数码照相机和数码摄像机;
- 存储设备,包括 DVD 或 HDD 等;
- 工业控制,包括电机控制等;
- 汽车、通信和信息系统的 ABS 和车体控制;
- 网络设备,包括 VoIP、WirelessLAN 等。

（4）ARM11 处理器系列

ARM1136J-S 发布于 2003 年,是针对高性能和高能效应而设计的。ARM1136J-S 是第一个执行 ARMv6 架构指令的处理器。它集成了一条具有独立的 Load/Stroe 和算术流水线的 8 级流水线。ARMv6 指令包含了针对媒体处理的单指令流多数据流扩展,采用特殊的设计改善视频处理能力。

（5）SecureCore 处理器系列

SecurCore 系列处理器提供了基于高性能的 32 位 RISC 技术的安全解决方案。SecurCore 系列处理器除了具有体积小、功耗低、代码密度高等特点外,还具有它自己的特别优势,即提供了安全解决方案支持。下面总结了 SecurCore 系列的主要特点:

- 支持 ARM 指令集和 Thumb 指令集,以提高代码密度和系统性能;
- 采用软内核技术以提供最大限度的灵活性,可以防止外部对其进行扫描探测;
- 提供安全特性,可以抵制攻击;
- 提供面向智能卡和低成本的存储保护单元 MPU;
- 可以集成用户自己的安全特性和其他的协处理器。

SecureCore 系列处理器主要应用于一些安全产品及应用系统,包括电子商务、电子银行业务、网络、移动媒体和认证系统等。

（6）StrongARM 和 Xscale 处理器系列

StrongARM 处理器最初是 ARM 公司与 Digital Semiconductor 公司合作开发的,现在由 Intel 公司单独许可,在低功耗、高性能的产品中应用很广泛。它采用哈佛架构,具有独立的数据和指令 Cache,有 MMU。StrongARM 是第一个包含 5 级流水线的高性能 ARM 处理器,但它不支持 Thumb 指令集。

Intel 公司的 Xscale 是 StrongARM 的后续产品,在性能上有显著改善。它执行 v5TE 架构指令,也采用哈佛结构,类似于 StrongARM 也包含一个 MMU。前面说过,Xscale 已经被 Intel 卖给了 Marvell 公司。

（7）MPCore 处理器系列

MPCore 在 ARM11 核心的基础上构建,架构上仍属于 V6 指令体系。根据不同的需要,MPCore 可以被配置为 1 ~ 4 个处理器的组合方式,最高性能达到 2 600 Dhrystone MIPS,运算能力几乎与 Pentium III 1 GHz 处于同一水准(Pentium III 1 GHz 的指令执行性能约为 2 700 Dhrystone MIPS)。多核心设计的优点是在频率不变的情况下让处理器的性能获得明显提升,在多任务应用中表现尤其出色,这一点很适合未来家庭消费电子的需要。例如,机顶盒在录制多个频道电视节目的同时,还可通过互联网收看数字视频点播节目;车内导航系统在提供导航功能的同时,可以向后座乘客提供各类视频娱乐信息等。在这类应用环境下,多核心结构的嵌入式处理器将表现出极强的性能优势。

（8）Cortex 处理器系列

基于 ARMv7 架构的 ARM 处理器已经不再延用过去的数字命名方式,而是冠以 Cortex 的代呼。基于 v7A 的称为"Cortex-A 系列",基于 v7R 的称为"Cortex-R 系列",基于 v7M 的称为"Cortex-M3 系列"。

3. 典型的 ARM 处理器

ARM920T 是 ARM920TDMI 系列中的一款通用性的微处理器,ARM920TDMI 系列微处理器包含以下几种类型的内核:

ARM9TDMI:只有内核。

ARM940T:由内核、高速缓存和内存保护单元组成。

ARM920T:由内核、高速缓存和内存管理单元(MMU)组成。

ARM920T 提供完善的高性能 CPU 子系统,包括以下方面:

- ARM9TDMI RISC 整数 CPU;
- 16 k 字节指令与 16 k 字节数据缓存;
- 指令与数据存储器管理单元(MMUs);
- 写缓冲器;
- 高级微处理器总线架构(AMBA™)总线接口;
- ETM(内置追踪宏单元)接口。

（1）五级流水线技术

ARM920T 中的 ARM9TDMI 内核可执行 32 位 ARM 及 16 位 Thumb 指令集。

ARM9TDMI 处理器是哈佛结构的,有包括取指、译码、执行、存储及写入的五级流水线。

- 取指:从存储器中取出指令,并将其放入指令流水线。
- 译码:对指令进行译码。
- 执行:把一个操作数移位,产生 ALU 的结果。
- 缓冲/数据:如果需要,则访问数据存储器;否则 ALU 的结果只是简单地缓冲 1 个时钟周期,以便所有的指令具有同样的流水线流程。
- 回写:将指令产生的结果回写到寄存器,包括任何从存储器中读取的数据。

(2)系统结构

ARM920T 以 ARM9TDMI 为内核,增加了高速缓存和内存管理单元,系统结构图如图 1-3 所示,它包括两个协处理器:

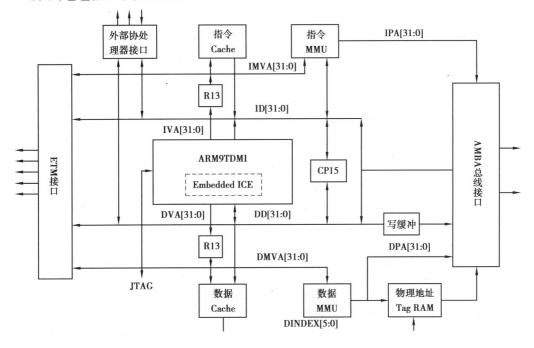

图 1-3　ARM920T 系统结构图

CP14:控制软件对调试信道的访问。

CP15:系统控制处理器,提供 16 个额外寄存器用来配置与控制缓存、MMU、系统保护、时钟模式及其他系统选项(简单的说,CP15 是实现对存储系统的管理的协处理器)。

在对协处理器寄存器进行操作时,需要注意以下几个问题:

- 寄存器的访问类型(只读/只写/可读可写);
- 不同的访问引发的不同功能;
- 相同编号的寄存器是否对应不同的物理寄存器;
- 寄存器的具体作用。

(3)ARM920T 存储系统

ARM 的存储器系统是由多级构成的,可以分为:内核级、芯片级、板卡级、外设级,如

图 1-4 所示。

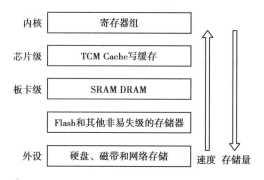

图 1-4　存储系统结构

- 存储管理单元(MMU)

MMU 提供的一个关键服务是使各个任务作为各自独立的程序在其自己的私有存储空间中运行。在带 MMU 的操作系统控制下,运行的任务无须知道其他与之无关的任务的存储需求情况,这就简化了各个任务的设计。

MMU 提供了一些资源以允许使用虚拟存储器(将系统物理存储器重新编址,可将其看成是一个独立于系统物理存储器的存储空间)。MMU 作为转换器,将程序和数据的虚拟地址(编译时的链接地址)转换成实际的物理地址,即在物理主存中的地址。这个转换过程允许运行的多个程序使用相同的虚拟地址,而各自存储在物理存储器的不同位置。

这样存储器就有两种类型的地址:虚拟地址和物理地址。虚拟地址由编译器和连接器在定位程序时分配;物理地址用来访问实际的主存硬件模块(物理上程序存在的区域)。

- 高速缓冲存储器(Cache)

Cache 是一个容量小但存取速度非常快的存储器,它保存最近用到的存储器数据副本。对于程序员来说,Cache 是透明的。它自动决定保存哪些数据、覆盖哪些数据。现在Cache 通常与处理器在同一芯片上实现。Cache 能够发挥作用是因为程序具有局部性特性。所谓局部性就是指在任何特定的时间,处理器趋于对相同区域的数据(如堆栈)多次执行相同的指令(如循环)。

4. 内核编程模型

程序员为使程序在计算机上执行而必须了解的有关计算机的基本情况,称为编程模型。ARM920T 处理器的编程模型主要包括以下几种:

(1)数据类型

ARM 采用的是 32 位架构,基本数据类型有以下 3 种:

Byte:字节,8 bit。

Halfword:半字,16 bit(半字必须于 2 字节边界对齐)。

Word:字,32 bit(字必须于 4 字节边界对齐)。

- ARM 存储器组织结构

存储器可以看成序号为 $0 \sim 2^{32}-1$ 的线性字节阵列。其中每一个字节都有唯一的地址。字节可以占用任一位置,图 1-5 中给出了几个例子。长度为 1 个字的数据项占用一组 4 字节的位置,该位置开始于 4 的倍数的字节地址(地址最末两位为 00)。半字占有两个字节的位置,该位置开始于偶数字节地址(地址最末一位为 0),如图 1-5 所示。

图 1-5　ARM 存储器组织

• 存储器大/小端

ARM 支持大端模式和小端模式两种内存模式,如图 1-6 所示。

大端格式:字数据的高字节存储在低地址中,而字数据的低字节则存放在高地址中。

小端格式:与大端存储格式相反,在小端存储格式中,低地址中存放的是字数据的低字节,高地址存放的是字数据的高字节。

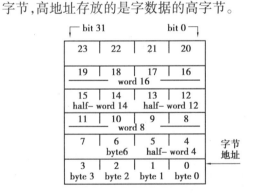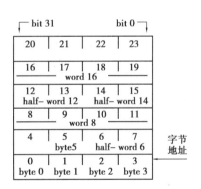

图 1-6　大端与格式存储字数据

(2)工作状态

ARM920T 微处理器的工作状态一般有两种:

①ARM 状态:处理器执行 32 位的、字对齐的 ARM 指令;

②Thumb 状态:处理器执行 16 位的、半字对齐的 Thumb 指令。

(3)处理器模式

ARM920T 支持 7 种运行模式,见表 1-5。

除用户模式以外,其余的 6 种模式称为非用户模式或特权模式;其中除去用户模式和系统模式以外的 5 种又称为异常模式,常用于处理中断或异常,以及访问受保护的系统资源等情况。

（4）寄存器组织

ARM 微处理器共有 37 个 32 位寄存器，其中：

30 个为通用寄存器；

6 个为状态寄存器，分别是 1 个 CPSR（Current Program Status Register，当前程序状态寄存器），5 个 SPSR（Saved Program Status Register，备份程序状态寄存器）；

1 个 PC（Program Counter，程序计数器）。

表 1-5　处理器模式

处理器模式	描　　述
用户模式 usr	正常用户程序执行的模式
快速中断模式 fiq	支持高速数据传输和通道处理
外部中断模式 irq	通常的中断处理
管理模式 svc	操作系统使用的一种保护模式
中止模式 abt	实现虚拟存储器或存储器保护
未定义模式 und	用于支持通过软件仿真的硬件协处理器
系统模式 sys	用于运行特权级的操作系统任务

在不同处理器模式下它们并不同时可见，在任何时候，通用寄存器 R14 ~ R0，程序计数器 PC，一个或两个状态寄存器都是可访问的。

● ARM 状态下的寄存器组织

ARM 状态下通用寄存器包括 R0 ~ R15，可以分为 3 类：

未分组寄存器 R0 ~ R7：在所有的运行模式下，未分组寄存器都指向同一个物理寄存器；在中断或异常处理进行运行模式转换时，由于不同的处理器运行模式均使用相同的物理寄存器。

分组寄存器 R8 ~ R14：在不同模式下对应不同的物理寄存器。例如，当使用 fiq 模式时，访问寄存器 R8_fiq ~ R12_fiq；当使用除 fiq 模式以外的其他模式时，访问寄存器 R8_usr ~ R12_usr。

R13——ARM 指令中常用作堆栈指针。

R14——子程序连接寄存器（Subroutine Link Register）或连接寄存器 LR。

R13、R14 分别对应 6 个不同的物理寄存器，其中的一个是用户模式与系统模式共用，另外 5 个物理寄存器对应于其他 5 种不同的运行模式。采用以下的记号来区分不同的物理寄存器：R13_ < mode > ，R14_ < mode > ，程序计数器 PC（R15）。

其中，mode 为以下几种模式之一：usr，fiq，irq，svc，abt，und。

● Thumb 状态下的寄存器组织

Thumb 状态下的寄存器集是 ARM 状态下寄存器集的一个子集，程序可直接访问如下寄存器：8 个通用寄存器（R7 ~ R0），程序计数器（PC），堆栈指针（SP），连接寄存器（LR）和 CPSR。

用户与系统模式	管理模式	中止模式	未定义模式	中断模式	快速中断模式
R0	R0	R0	R0	R0	R0
R1	R1	R1	R1	R1	R1
R2	R2	R2	R2	R2	R2
R3	R3	R3	R3	R3	R3
R4	R4	R4	R4	R4	R4
R5	R5	R5	R5	R5	R5
R6	R6	R6	R6	R6	R6
R7	R7	R7	R7	R7	R7
R8	R8	R8	R8	R8	R8_FIQ
R9	R9	R9	R9	R9	R9_FIQ
R10	R10	R10	R10	R10	R10_FIQ
R11	R11	R11	R11	R11	R11_FIQ
R12	R12	R12	R12	R12	R12_FIQ
R13	R13_SVC	R13_ABORT	R13_UNDEF	R13_IRQ	R13_FIQ
R14	R14_SVC	R14_ABORT	R14_UNDEF	R14_IRQ	R14_FIQ
PC	PC	PC	PC	PC	PC

CPSR	CPSR	CPSR	CPSR	CPSR	CPSR
	SPSR_SVC	SPSR_ABORT	SPSR_UNDEF	SPSR_IRQ	SPSR_FIQ

图 1-7　ARM 状态下的寄存器组织

System & User	FIQ	Supervisor	Abort	IRQ	Undefined
R0	R0	R0	R0	R0	R0
R1	R1	R1	R1	R1	R1
R2	R2	R2	R2	R2	R2
R3	R3	R3	R3	R3	R3
R4	R4	R4	R4	R4	R4
R5	R5	R5	R5	R5	R5
R6	R6	R6	R6	R6	R6
R7	R7	R7	R7	R7	R7
SP	SP_fiq	SP_svg	SP_abt	SP_irq	SP_und
LR	LR_fiq	LR_svc	LR_abt	LR_irq	LR_und
PC	PC	PC	PC	PC	PC
CPSR	CPSR	CPSR	CPSR	CPSR	CPSR
	SPSR_fiq	SPSR_svc	SPSR_abt	SPSR_irq	SPSR_und

＝分组寄存器

图 1-8　Thumb 状态下的寄存器组织

（5）程序状态寄存器

ARM920T 体系结构中包含一个当前程序状态寄存器（CPSR）和 5 个备份的程序状态寄存器（SPSR）。备份的程序状态寄存器用来进行异常处理，其功能包括：

保存 ALU 中的当前操作信息；

控制允许和禁止中断；

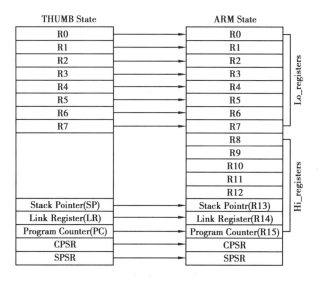

图 1-9　两种状态下的寄存器对应关系

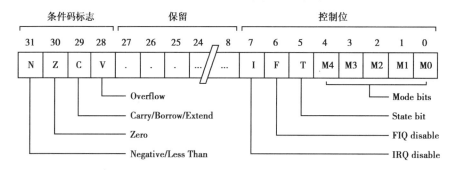

图 1-10　程序状态寄存器格式

设置处理器的运行模式。

● 条件码标志（Condition Code Flags）

表 1-6　条件码

标志位	含　　义
N	当用两个补码表示的带符号进行运算时,N＝1 表示运算的结果为负数;N＝0 表示运算的结果为正数或零
Z	Z＝1 表示运算的结果为零;Z＝0 表示运算的结果为非零
C	①加法运算（包括比较指令 CMP）:当运算结果产生了进位时（无符号数溢出）C＝1,否则 C＝0; ②减法运算（包括比较指令 CMP）:当运算时产生了借位（无符号溢出）C＝0,否则 C＝1; ③对于包含移位操作的非加/减运算指令,C 为移出值的最后一位; ④对于其他的非加/减运算指令,C 的值通常不改变
V	①对于加/减法运算指令,当操作数和运算结果为二进制的补码表示的带符号数时,V＝1 表示符号位溢出; ②对于其他的非加/减运算指令,V 的值通常不改变

● 控制位

表 1-7　运行模式位

M[4:0]	处理器模式	ARM 模式可访问的寄存器	THUMB 模式可访问的寄存
0b10000	用户模式	PC,CPSR,R0-R14	PC,CPSR,R0-R7,LR,SP
0b10001	FIQ 模式	PC,CPSR,SPSR_fiq,R14_fiq-R8-fiq,R7-R0	PC,CPSR,SPSR_fiq,LR_fiq,SP_fiq,R7-R0
0b10010	IRQ 模式	PC,CPSR,SPSR_irq,R14_irq,R13_irq,R12-R0	PC,CPSR,SPSR_irq,LR_irq,SP_irq R7-R0
0b10011	管理模式	PC,CPSR,SPSR_svc,R14_svc,R13_svc,R12-R0	PC,CPSR,SPSR_svc,LR_svc,SP_svcR7-R0
0b10111	中止模式	PC,CPSR,SPSR_abt,R14_abt,R13_abt,R12-R0	PC,CPSR,SPSR_abt,LR_abt,SP_abt,R7-R0
0b11011	未定义模式	PC,CPSR,SPSR_und,R14_und,R13_und,R12-R0	PC,CPSR,SPSR_und,LR_und,SP_und,R7-R0
0b11111	系统模式	PC,SPSR,R14-R0	PC,CPSR,SPSR,LR,R7-R0

CPSR 的低 8 位(包括 I、F、T 和 M[4:0])称为控制位,当发生异常时这些位可以被改变。特权模式,这些位也可以由程序修改。

中断禁止位 I、F:置 1 时,禁止 IRQ 中断和 FIQ 中断。

T 标志位:当该位为 1 时,程序运行于 Thumb 状态,否则运行于 ARM 状态。

运行模式位 M[4:0]:M0、M1、M2、M3、M4 是模式位。这些位决定了处理器的运行模式。具体含义见表 1-6。

保留位:CPSR 中的其余位为保留位。

(6)异常(Exceptions)

ARM 体系结构所支持的异常类型包括:复位、未定义指令、软件中断、指令预取中止、数据中止、IRQ(外部中断请求)和 FIQ(快速中断请求)。

● FIQ(Fast Interrupt Request)

FIQ 异常是为了支持数据传输或者通道处理而设计的。

若将 CPSR 的 F 位置为 1,则会禁止 FIQ 中断,若将 CPSR 的 F 位清零,处理器会在指令执行时检查 FIQ 的输入。注意只有在特权模式下才能改变 F 位的状态。它可由外部通过对处理器上的 nFIQ 引脚输入低电平产生 FIQ。

● IRQ(Interrupt Request)

IRQ 异常属于正常的中断请求,可通过对处理器的 nIRQ 引脚输入低电平产生。若将 CPSR 的 I 位置为 1,则会禁止 IRQ 中断,若将 CPSR 的 I 位清零,处理器会在指令执行完之前检查 IRQ 的输入。

● ABORT(中止)

产生中止异常意味着对存储器的访问失败。ARM 微处理器在存储器访问周期内检查是否发生中止异常。中止异常包括两种类型:

指令预取中止:发生在指令预取时。

数据中止:发生在数据访问时。

当指令预取访问存储器失败时,则预取指令中止不会发生。若数据中止发生,系统的响应与指令的类型有关。

- Software Interrupt(软件中断)

软件中断指令(SWI)用于进入管理模式,常用于请求执行特定的管理功能。

- Undefined Instruction(未定义指令)

当 ARM 处理器遇到不能处理的指令时,会产生未定义指令异常。采用这种机制,可以通过软件仿真扩展 ARM 或 Thumb 指令集。

知识点四　嵌入式系统开发流程

嵌入式系统的设计可以分成 3 个阶段:分析、设计和实现,开发流程如图 1-11 所示。

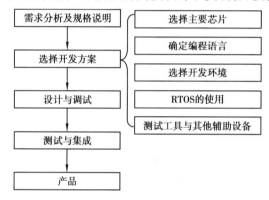

图 1-11　嵌入式系统开发流程

1.需求分析

该阶段主要通过充分的市场调研和与用户的交流,制订出要开发的系统的性能指标、操作方式、外观等需求参数。根据需求参数进行可行性论证,得出项目是否可行的结论。此阶段要形成需求描述、性能指标参数、可行性分析等文档。

2.系统定义与结构设计

根据需求分析寻找能构成系统的合适组件,形成多套方案。然后估计每套方案的成本与效益,在充分权衡利弊的基础上,选择恰当的方案实施。此阶段要形成系统设计说明、总体结构设计方案等文档。

3.硬件子系统设计

该阶段主要完成电路原理图设计和 PCB(Printed Circuit Board)布线。硬件设计应综合考虑多种因素,如选择合适的电路板,合理布局各个元器件的位置,避免元器件之间的相互干扰,方便与其他设备的连接,合理的产品外观、尺寸、供电方式等。此阶段需要形成电路设计原理图、PCB布线图和硬件子系统详细设计文档。

4.软件子系统设计

软件子系统设计通常包括嵌入式操作系统定制、设备驱动程序开发和应用程序开发三项内容。

嵌入式操作系统定制是根据实际需要对选定的标准嵌入式操作系统的模块进行定制,删除冗余的不需要模块,添加所需要的模块(通常为设备驱动程序),使操作系统所提供的功能刚好满足整个系统的需要。

嵌入式系统通常是一个资源受限的系统,处理能力有限,直接在其硬件平台上开发软件比较困难。常用的方法是在处理能力较强的通用计算机上编写程序,然后通过交叉编译手段生成能在嵌入式系统中直接运行的可执行程序,最后将生成的可执行程序下载到嵌入式系统中运行。嵌入式程序的调试运行,既可以通过安装在通用计算机上的嵌入式开发模拟环境中进行,也可以通过与选定的硬件子系统相同或相似的嵌入式开发板或实验箱上进行。完成交叉编译的通用计算机称为宿主机或上位机,运行可执行程序的嵌入式开发板或试验箱称为目标机或下位机。

由于软件子系统的开发不是直接在硬件子系统上进行的,因此,软件子系统与硬件子系统的开发可以同时进行。

此阶段需要形成嵌入式操作系统定制文档、设备驱动程序开发文档和应用程序开发文档。

5.系统集成与测试

在硬件子系统与软件子系统设计完成后,需要将软件子系统下载到硬件子系统的Flash中,然后进行整体的系统测试。测试中需要使用不同的方法来测试系统的运行结果是否与预期的相同。此阶段需要形成整个系统的集成与测试文档。

6.项目评估与总结

该阶段主要对整个系统开发过程中的成功经验和失败教训进行总结,为下一次的开发奠定基础。

【想一想】

1.什么是嵌入式系统? 嵌入式系统在物联网技术中的地位及作用是什么?

2.简述ARM技术的特点。

3.简述嵌入式系统的体系结构。

项目二　嵌入式 Linux 操作基础

任务一　Linux 系统的安装

【任务目的】

1. 认识 Linux 操作系统。
2. 理解 Linux 中的基本概念。
3. 熟悉 Linux 文件系统目录结构。

【任务要求】

1. 安装 Linux(Red Hat 9.0 版本)操作系统。
2. 查看 Linux 的目录结构。

【任务分析】

在大型嵌入式应用系统中,为了使嵌入式开发更加方便、快捷,需要具备一种稳定、安全的软件模块集合,用以管理存储器分配、中断处理、任务间通信和定时器响应,以及提供多任务处理等,这就是嵌入式操作系统。

Linux 本身所具备的源码开放、内核可裁减等种种特性使其成为嵌入式开发的首选。在进入市场的前两年中,嵌入式 Linux 的设计通过广泛应用而获得了巨大成功。随着嵌入式 Linux 技术的成熟,定制需要的尺寸更加方便,同时支持更多的平台。

Linux 最初是专门为基于 Intel 处理器的个人计算机而设计的。Linux 的前身指的是由 Linus Torvald 维护开发的开放源代码的类 Unix 操作系统的内核。目前大多数人用它来表示以 Linux 内核为基础的整个操作系统。从这种意义讲,Linux 指的是源码开放,包含内核和系统工具、完整的开发环境和应用的类 Unix 操作系统。同时,Linux 遵循 GNU (GNU's Not Unix)的通用公共许可证 GPL (General Public License),是自由软件家族中的一员。

自由软件最早由美国麻省理工学院 MIT 的 Richard Stallman 提出。自 1984 年起,在 MIT 的支持下,Richard 创建了自由软件基金会 FSF(Free Software Foundation)。FSF 的主要项目是 GNU,它的目标是建立可自由发布和可移植的类 Unix 操作系统。同时,Richard 创作了通用公共许可证 GPL 作为 GNU 的版权声明。GPL 也称 Copyleft,这与平常所说的 Copyright 截然相反。任何人只要遵循 GPL,就可以对 Linux 内核加以修改并发布给他人使用。

大部分使用者使用的操作系统为 Windows。本任务通过 Linux 系统的安装,了解和认识 Linux 操作系统。

【任务实施】

1. 利用 VMware Workstation 创建虚拟机

首先在 Windows 系统中启动 VMware Workstation 软件,在菜单栏单击"File"→"New"→"virtual machine",如图 2-1 所示。

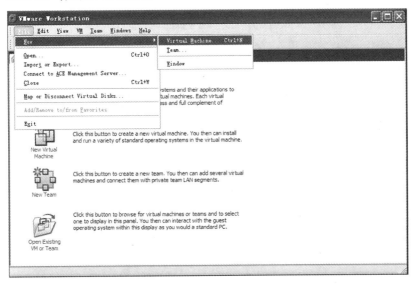

图 2-1　新建虚拟机

进入后,出现新建虚拟机向导,依次按照图示进行操作,如图 2-2 至图 2-5 所示。

图 2-2　选择操作系统名称及版本

图2-3　设置虚拟机文件名称及文件存放位置

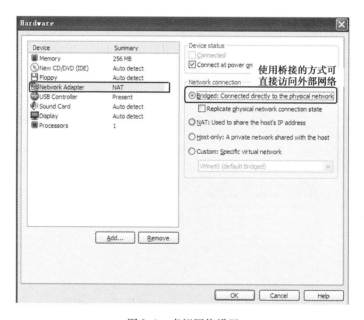

图2-4　虚拟网络设置

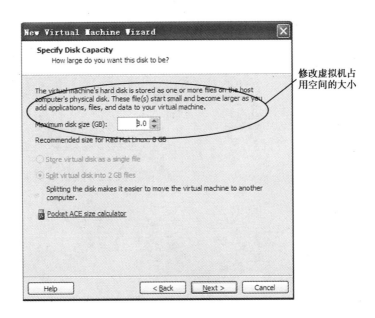

图 2-5　设置虚拟机空间大小

向导设置完成后，可查看虚拟机的具体使用信息，如图 2-6 所示。

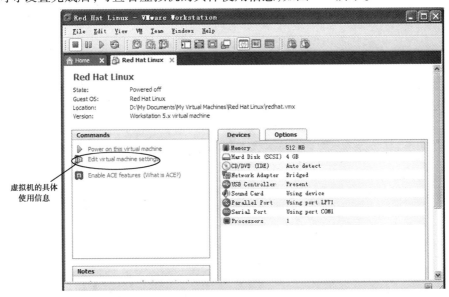

图 2-6　完成设置的虚拟机界面

进入 VM 菜单，可以对虚拟机的虚拟硬件环境进行设置，这里根据读者的需求，自己作相应的设置，如图 2-7 所示。

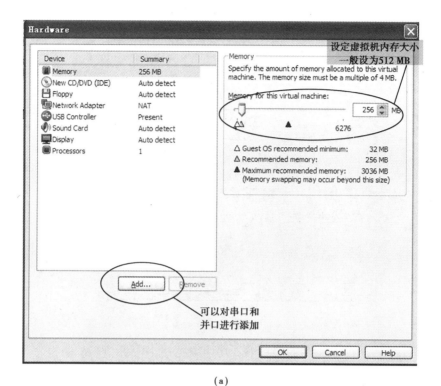

（a）

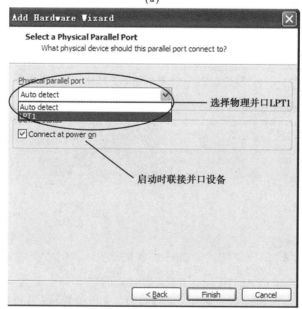

（b）

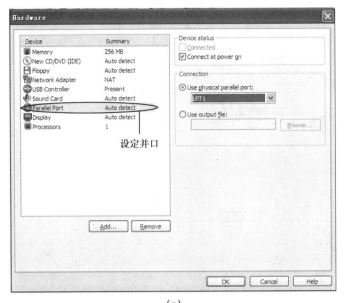

(c)

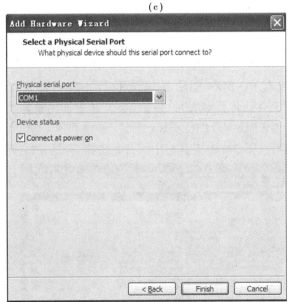

(d)

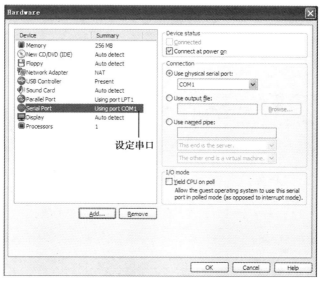

(e)

图 2-7　虚拟硬件环境进行设置

2. Linux 安装

若上位计算机配置有 CD-ROM 驱动器,则可进行光盘安装 Linux;若无物理的 CD-ROM 驱动器,则可通过 ISO 映像光盘文件进行安装。这里采用映像光盘文件(本实验平台自带的 RedHat Linux9.0 CD.iso)进行安装。

单击"确定"按钮后,在图 2-8 中工具栏中的开始按钮,开始系统安装。

图 2-8　启动虚拟机方式

按照安装界面的提示,一步一步进行,直到系统安装结束,如图 2-10 所示。

退出安装后,重新引导系统,则可进入 X-Window 界面,如图 2-11 所示。

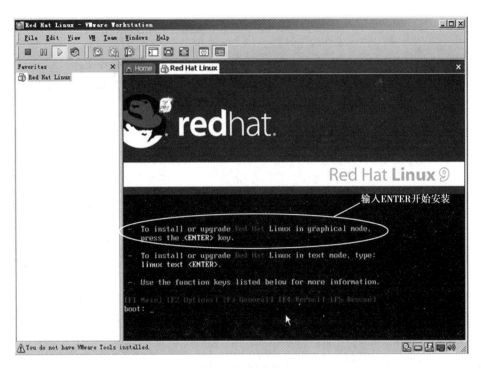

图 2-9 虚拟机启动界面

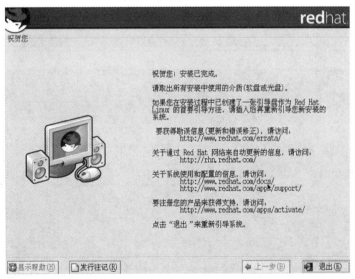

图 2-10 Linux 系统安装结束界面

3. 查看根文件系统

在快速启动栏中单击终端命令行图标,启动 shell 终端界面,如图 2-12 所示。

系统默认路径为/root,在命令行中的#后输入 cd /,切换到根目录中,再键入 ls 命令,查看根目录文件列表,如图 2-14 所示。

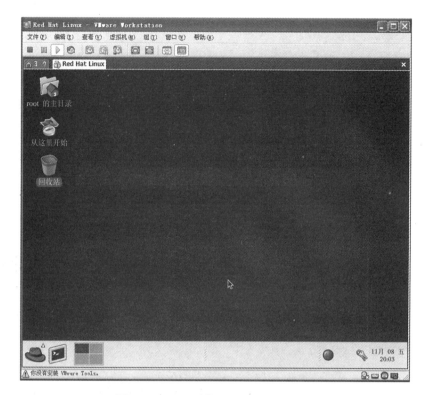

图 2-11　Linux 系统 X-Window 界面

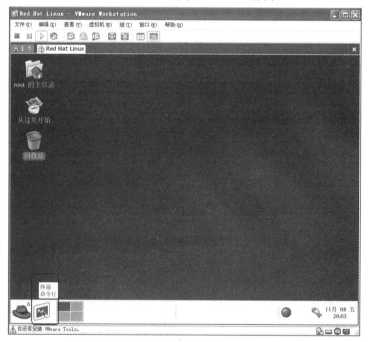

图 2-12　终端命令行快捷启动方式

图 2-13　终端命令行启动界面

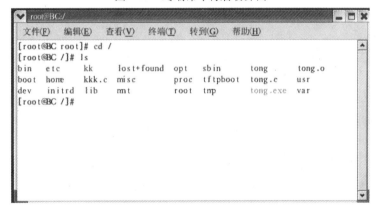

图 2-14　根目录文件

【任务小结】

通过 Linux 操作系统的安装,使读者对 Linux 有初步的认识,并且加深了对 Linux 中的基本概念的理解;同时通过根目录的查看,熟悉了 Linux 文件系统目录结构。

35

【知识点梳理】

知识点一　嵌入式操作系统

早期的嵌入式系统很多都不用操作系统,它们只是为了实现某些特定功能,使用一个简单的循环控制对外界的控制请求进行处理,不具备现代操作系统的基本特征(如进程管理、存储管理、设备管理、网络通信等)。不可否认,这对一些简单的系统而言是足够的。但是,当系统越来越复杂,利用的范围越来越广泛的时候,缺少操作系统就成了一个最大缺点,因为每设计一项新的功能都可能需要从头开始设计,实际上增加了开发成本和系统的复杂度。

1. 实时操作系统

实时操作系统(RTOS)是具有实时性且能支持实时控制系统工作的操作系统。其首要任务是调度一切可利用的资源来完成实时控制任务,其次才着眼提高计算机系统的使用效率,其重要的特点是能满足对时间的限制和要求。在任何时刻,它总是保证优先级最高的任务占用 CPU。系统对现场不停机地检测,一旦有事件发生,系统能即刻作出相应的处理。这除了由硬件质量作为基本保证外,主要由实时操作系统内部的事件驱动方式及任务调度来决定。

实时操作系统是实时系统在启动之后运行的一段背景程序。应用程序是运行在这个基础之上的多个任务。实时操作系统根据各个任务的要求,进行资源管理、消息管理、任务调度和异常处理等工作。在实时操作系统支持的系统中,每个任务都具有不同的优先级别,它将根据各个任务的优先级来动态地切换各个任务,以保证对实时性的要求。

从性能上讲,实时操作系统与普通操作系统存在的区别主要体现在"实时"两字上。在实时计算中,系统的正确性不仅依赖于计算的逻辑结果,而且依赖于结果产生的时间。

RTOS 与通用计算机 OS 的区别:
- 实时性:响应速度快,只有几微秒;执行时间确定,可预测。
- 代码尺寸小:10 ~ 100 kB,节省内存空间,降低成本。
- 应用程序开发较难。
- 需要专用开发工具:仿真器、编译器和调试器等。

2. 实时操作系统的发展

实时操作系统的研究是从 20 世纪 60 年代开始的。从系统体系结构上看,实时操作系统经过了以下 3 个发展阶段:
- 早期的实时操作系统。早期的实时操作系统还不能成为真正的实时操作系统。它只是一个小而简单,具有一定专用性的软件,其功能较弱,可以认为是一种事实监控程序。它一般为用户提供对系统的初始管理以及简单的实时时钟管理。

●专用实时操作系统。开发者为了满足实时应用的需要,自己研制与特定硬件相匹配的实时操作系统。这类专用实时操作系统在国外称为 Real-Time Operating System Developed in house(内部开发的实时系统)。它是早期用户为满足自身开发需要而研制的,一般只能用于特定的硬件环境,且缺乏严格的评测,移植性也不太好。

●通用实时操作系统。在操作系统中,一些多任务的机制,如基于优先级的调度、实时时钟管理、任务间的通信、同步互斥机构等基本上是相同的,不同的只是面向各自的硬件环境与应用目标。实际上,相同的多任务机制是能够共享的,因而可以把这部分很好地组织起来,形成一个通用的实时操作系统内核。这类实时操作系统内核的最底层将不同的硬件特性屏蔽掉;另一方面,对不同的应用环境提供了标准的、可裁减的系统服务软组件。这使用户可根据不同的实时应用要求及硬件环境,选择不同的软组件,也使实时操作系统开发商在开发过程中减少了重复性工作。

3.实时操作系统的组成

实时操作系统是能够根据实际应用环境对内核进行裁减和重配置的操作系统。根据其面向实际应用领域的不同其组成也有所不同。但一般都包括以下几个重要组成部分:

●实时内核。实时内核一般都是多任务的。它主要实现任务管理、定时器管理、存储器管理、任务间通信与同步、中断管理等功能。

●网络组件。网络组件实现了链路层的 ARP/RARP、PPP 及 SLIP 协议,网络层的 IP 协议,传输层的 TCP 和 UDP 协议。应用层则根据实际应用的需要实现相应的协议。这些网络组件作为操作系统内核的一个上层的功能组件,为应用层提供服务。它本身是可裁减的,目的是尽可能少的占有系统资源。

●文件系统。非常简单的嵌入式应用中可以不需要文件系统的支持,但对于比较复杂的文件操作系统来说,文件系统是必不可少的。它也是可裁减的。

●图形用户界面。在 PDA 等实际应用领域中,需要友善的用户界面。图形用户界面(GUI)为用户提供文字和图形以及中英文的显示和输入。它同样是可裁减的。

实时操作系统与一般的操作系统有一定的差异。IEEE 的 Unix 委员会规定了实时操作系统必须具备以下几个特点:

●支持异步事件的响应。

●中断和调度任务的优先级机制。

●支持抢占式调度。

●确定的任务切换时间和中断延迟时间。

●支持同步。

4.常见的嵌入式操作系统

(1)嵌入式 Linux(Embedded Linux)

嵌入式 Linux 是指对标准 Linux 经过小型化裁剪处理之后,能够固化在容量只有几 kB 或者几 MB 字节的存储器芯片或者单片机中,是适合于特定嵌入式应用场合的专用

Linux 操作系统。在目前已经开发成功的嵌入式系统中,大约有一半使用的是 Linux。这与它自身的优良特性是分不开的。

嵌入式 Linux 同 Linux 一样,具有低成本、多种硬件平台支持、优异的性能和良好的网络支持等优点。另外,为了更好地适应嵌入式领域的开发,嵌入式 Linux 还在 Linux 基础上作了部分改进,具体如下:

- 改善的内核结构

Linux 内核采用的是整体式结构(Monolithic),整个内核是一个单独的、非常大的程序,这样虽然能够使系统的各个部分直接沟通,提高系统响应速度,但与嵌入式系统存储容量小、资源有限的特点不相符合。因此,在嵌入式系统经常采用的是另一种称为微内核(Microkernel)的体系结构,即内核本身只提供一些最基本的操作系统功能,如任务调度、内存管理、中断处理等,而类似于设备驱动、文件系统和网络协议等附加功能则可以根据实际需要进行取舍。这样就大大减小了内核的体积,便于维护和移植。

- 提高的系统实时性

由于现有的 Linux 是一个通用的操作系统,虽然它也采用了许多技术来加快系统的运行和响应速度,但从本质上来说并不是一个嵌入式实时操作系统。因此,利用 Linux 作为底层操作系统,在其上进行实时化改造,从而构建出一个具有实时处理能力的嵌入式系统,如 RT-Linux 已经成功地应用于航天飞机的空间数据采集、科学仪器测控和电影特技图像处理等各种领域。

嵌入式 Linux 同 Linux 一样,也有众多的版本,其中不同的版本分别针对不同的需要在内核等方面加入了特定的机制。

(2)μC/OS-II

μC/OS-II 是一种免费公开源代码、结构小巧、基于优先级的可抢先的硬实时内核。自从 1992 年发布以来,在世界各地都获得了广泛的应用,它是一种专门为嵌入式设备设计的内核,目前已经被移植到 40 多种不同结构的 CPU 上,运行在从 8 位到 64 位的各种系统之上。

μC/OS-II 主要适合小型实时控制系统,具有执行效率高、占用空间小、实时性能优良和可扩展性强等特点。最小内核可编译至 2 kB,如果包含内核的全部功能,编译之后的 μC/OS-II 内核仅有 6 ~ 10 kB。

(3)VxWorks

VxWorks 操作系统是美国 WindRiver 公司于 1983 年设计开发的一种嵌入式实时操作系统(RTOS),它是在当前市场占有率很高的嵌入式操作系统之一。

VxWorks 的实时性做得非常好,其系统本身的开销很小,进程调度、进程间通信、中断处理等系统公用程序精练而有效,使得它们造成的延迟很短。

另外,VxWorks 提供的多任务机制,对任务的控制采用了优先级抢占(Linux 2.6 内核也采用了优先级抢占的机制)和轮转调度机制,这充分保证了可靠的实时性,并使同样的硬件配置能满足更强的实时性要求。

此外,VxWorks 具有高度的可靠性,从而保证了用户工作环境的稳定。同时,VxWorks

还有完备强大的集成开发环境,这也大大方便了用户的使用。

(4)QNX

QNX 是一个分布式、嵌入式、可扩展的实时操作系统。它基本兼容 POSIX 规范,提供 UNIX 类的编译器、调试器、X-Window 和 TCP/IP 等。

QNX 是一个微内核实时操作系统,其核心仅提供进程调度、进程之间通信、底层网络和中断处理 4 种服务,其进程在独立的地址空间运行。所有其他 OS 服务,都实现为协作的用户进程,因此 QNX 核心非常小巧,而且运行速度很快。

(5)Windows CE

Windows CE 是微软开发的一个开放的、可升级的 32 位嵌入式操作系统,是基于掌上型电脑类的电子设备操作系统。

Windows CE 的图形用户界面相当出色。

Windows CE 具有模块化、结构化和基于 Win32 应用程序接口以及与处理器无关等特点。

它不仅继承了传统的 Windows 图形界面,并且用户在 Windows CE 平台上可以使用 Windows 上的编程工具(如 Visual Studio 等),也可以使用同样的函数,使用同样的界面风格,使绝大多数 Windows 上的应用软件只需简单的修改和移植就可以在 Windows CE 平台上继续使用。

(6)Palm OS

Palm OS 在 PDA 和掌上电脑有着很庞大的用户群。Palm OS 是 Palm 公司开发的专用于 PDA 上的一种操作系统。

虽然其并不专门针对于手机设计,但是 Palm OS 的优秀性和对移动设备的支持同样使其能够成为一个优秀的 32 位手机操作系统。Palm OS 最明显的特点在精简,它的内核只有几千个字节,同时用户也可以方便地开发定制,具有较强的可操作性。

知识点二　嵌入式 Linux

Linux 是一套可免费使用和自由传播的类 Unix 操作系统,它的早期主要用于基于Intel x86 系列 CPU 的计算机上。它完全是一个互联网时代的产物,是在互联网上产生和发展起来的,是由世界各地的成千上万的程序员设计和实现的一种自由的操作系统。Linux 采用单一内核结构,遵循 GNU 的 GPL 声明,其目的是建立不受任何商品化软件的版权制约的、全世界都能自由使用的 Unix 兼容产品,可以免费使用。Linux 包含了人们希望操作系统拥有的所有功能特性,这些功能包括真正的多任务、虚拟内存、世界上最快的 TCP/IP 驱动程序、共享库和多用户支持等。Linux 是一种高性能、高可靠性和方便移植的操作系统。

GNU(GNU's Not UNIX)是为了推广自由软件的精神以实现一个自由的操作系统,然后从应用程序开始,实现其内核。而当时 Linux 的优良性能备受 GNU 的赏识,于是 GNU 就决定采用 Linux 及其开发者的内核。在他们的共同努力下,Linux 这个完整的操作系统诞生了。其中的程序开发共同遵守 General Public License(GPL)协议,这是最开放也是最严格的许可协议方式,这个协议规定了源码必须可以无偿的获取并且修改。因此,从严格意义上说,Linux 应该叫作 GNU/Linux,其中许多重要的工具如 gcc、gdb、make、Emacs 等都是 GNU 贡献。

如今的 Linux 已经有超过 250 种发行版本,且可以支持所有体系结构的处理器,如 X86、PowerPC、ARM、XSCALE 等,也可以支持带 MMU 或不带 MMU 的处理器。到目前为止,它的内核版本也已经从原先的 0.0.1 发展到现在的 2.6.xx。

1.安装方式

根据 Linux 系统在计算机中的存在方式,将 Linux 的安装分为单系统、多系统和虚拟机。

- 单系统安装

单系统安装指在计算机中仅安装 Linux 系统,无其他操作系统。

- 多系统安装

多系统安装指在同一台计算机中,除了安装 Linux 外还有其他操作系统,需要对计算机中硬盘空间进行合理分配,并且按照不同操作系统的需要,在硬盘上建立相应格式的分区。

- 虚拟机安装

虚拟机安装指在已经安装好的 Windows 系统下,通过虚拟机软件虚拟出供 Linux 安装和运行的环境。

注意:机房内常采用此种方式,若机房内已安装此操作系统,则可跳过此步骤。

在一台 PC 上安装 RedHat Linux9.0,选择 Custom 定制安装,在选择软件 Package 时最好将所有包都安装,需要空间约 2.7 GB,如果选择最后一项:everything,即完全安装,将安装光盘的全部软件,需要磁盘空间大约 5 GB。因此建议提前为 RedHat Linux 的安装预留 5~15 GB 的空间,具体视用户的硬盘空间大小来确定,在安装完 RedHat 后还要安装 Linux 的编译器和开发库以及 ARM-Linux 的所有源代码,这些包安装后的总共需要空间大约为 800 MB。

2. X-Window 图形界面

X-Window 是 Linux 系统的图形操作界面,其外观与操作方式与微软公司的 Windows 类似(本书不对 X-Window 操作进行讲解,读者可自行熟悉操作)。它是 Linux 从 UNIX 中继承的图形用户接口(Graphics User Interface,GUI),是一个功能强大,可按需配置的界面,为用户提供方便的操作和开发界面。

X-Window 具有以下优点:

- 直观、高效的面向对象的图形用户界面,易学易用;
- 用户界面统一、友好;
- 丰富的与设备无关的图形操作;
- 多任务。

X-Window 与 Microsoft Windows 有很多相似之处,两者都有图形界面,都可以处理多个窗口,都允许用户通过键盘和鼠标与系统进行交互。但是,它们两者有本质的不同,Microsoft Windows 是完整的操作系统,具有从内核到 Shell 再到窗口环境等所有的内容;而 X-Window 只是操作系统的一部分,即窗口环境,不属于操作系统的内核。另外,Microsoft Windows 的界面是固定的,而 X-Window 采取了相当灵活的,可自由配置的设计方式。由以上比较可看出 X-Window 的优越性。

3. Linux 内核

Linux 内核是一个操作系统,就像 Windows 操作系统一样。操作系统是程序运行的环境,为程序和计算机硬件之间的交互提供一种方式。当按下键盘的键、移动鼠标或程序的信息包通过网络到达时,内核都会通知程序。内核允许程序访问硬盘等硬件设备,例如读取其配置文件或存储的数据。

(1)程序

程序是存储在计算机硬盘里的文件。一个程序是一系列非常基本的指令,非常详细、明确地告诉操作系统要做什么、何时去做。在底层,计算机只会执行少量的任务。由于计算机可执行的任务取决于不同的 CPU,而且由于不同的操作系统处理这些任务的方式也不同,所以,为一种操作系统编译的程序一般不能在另一种操作系统上运行。

(2)进程

当用户指示内核运行一个程序时,内核会从程序文件上读取指令,并将这些指令装入内存,然后开始执行这些指令。在内存运行的这个程序副本叫做进程。注意,同一个程序可以装入内存并运行多次,所以任何时候内核都可能在运行同一个程序的几个不同进程。

Linux 和大多数现代操作系统一样,是一个多任务的操作系统。这说明,Linux 内核看起来好像同时运行几个进程。事实上,内核以时间片为单位运行进程。内核运行一个进程的时间很短,通常是 50 ms。然后把这个进程切换出去,切入另一个进程,再运行 50 ms。最后,内核把所有的进程都运行一遍,然后重新选择进程进入下一轮循环。进程之间的快速切换使用户觉得所有的进程都在同时运行。

(3)Shell

Shell 是一种 Linux 中的命令行解释程序,就如同 Command.com 是 DOS 下的命令解释程序一样,为用户提供使用操作系统的接口。用户在提示符下输入的命令都由 Shell 先解释然后传给 Linux 内核。

Linux 用户经常使用一种叫做 Shell 的特殊程序与内核进行交互。Shell 在终端运行时,会打印一个提示符并等待指示。接着用户输入一个程序的名称,让 Shell 运行该程序。程序运行完毕后,又会打印一个提示符并等待指示。内核、Shell 和用户的关系如图 2-15 所示。

小提示:

Linux 中运行 Shell 的环境是"系统工具"下的"终端命令行"。

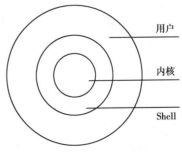

图 2-15　Shell 与内核的关系

知识点三　Linux 文件及文件系统

1.文件类型及文件属性

（1）文件类型

Linux 中的文件类型与 Windows 有显著的区别,其中最显著的区别在于 Linux 对目录和设备都当做文件来进行处理,这样就简化了对各种不同类型设备的处理,提高了效率。Linux 中主要的文件类型分为 4 种,即普通文件、目录文件、链接文件和设备文件。

● 普通文件

普通文件如同 Windows 中的文件一样,是用户日常使用最多的文件。它包括文本文件、Shell 脚本、二进制的可执行程序和各种类型的数据。

● 目录文件

在 Linux 中,目录也是文件,它们包含文件名和子目录名以及指向那些文件和子目录的指针。目录文件是 Linux 中存储文件名的唯一地方,当把文件和目录相对应起来时,也就是用指针将其链接起来之后,就构成了目录文件。因此,在对目录文件进行操作时,一般不涉及对文件内容的操作,而只是对目录名和文件名的对应关系进行了操作。

● 链接文件

链接文件有些类似于 Windows 中的"快捷方式",但是它的功能更为强大。它可以实现对不同的目录、文件系统甚至是不同的机器上的文件直接访问,并且不必重新占用磁盘空间。

● 设备文件

Linux 把设备都当做文件一样来进行操作,这样就大大方便了用户的使用（在后面的 Linux 编程中可以更为明显地看出）。在 Linux 下与设备相关的文件一般都在/dev 目录下,它包括两种:一种是块设备文件,另一种是字符设备文件。

块设备文件是指数据的读写,它们是以块（如由柱面和扇区编址的块）为单位的设备,最简单的如硬盘（/dev/hda1）等。

字符设备主要是指串行端口的接口设备。

● 命名管道文件

系统中进程之间以命名管道形式通信时所使用的一种文件。

● socket 文件

主机之间以 socket 形式通信时所使用的一种文件。

（2）文件名通配符

Linux 的命令中可以使用文件名通配符" * ""?"和"[ ]",其中" * "代表任意一个字符,例如"L * "代表以字母 L 开头的所有文件名,包括 L,LINUX,List. c 等;"?"代表 1 个字符,例如"L?"代表以字母 L 开头的,文件名长度为 2 的所有文件名,包括 LL,LX 等,但不包括 LLP,LINUX 等;"[ ]"表示所包括的字符,例如 L[123]L 表示文件名 L1L,

L2L，L3L。

（3）文件属性

Linux 中的文件属性表示方法如图 2-16 所示。

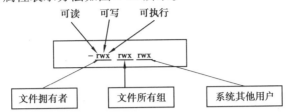

图 2-16　Linux 文件属性

Linux 中文件的拥有者可以把文件的访问属性设成 3 种不同的访问权限：可读（r）、可写（w）和可执行（x）。文件又有 3 个不同的用户级别：文件拥有者（u）、所属的用户组（g）和系统里的其他用户（o）。

第一个字符显示文件的类型，见表 2-1。

第一个字符之后有 3 个三位字符组：

第一个三位字符组表示对于文件拥有者（u）对该文件的权限；

第二个三位字符组表示文件用户组（g）对该文件的权限；

第三个三位字符组表示系统其他用户（o）对该文件的权限。

表 2-1　文件类型

字　符	类　型
"－"	普通文件
"d"	目录文件
"l"	链接文件
"c"	字符设备
"b"	块设备
"p"	命名管道，如 FIFO 文件（First In First Out，先进先出）
"f"	堆栈文件，如 LIFO 文件（Last In First Out，后进先出）

若该用户组对此没有权限，一般显示"－"字符。

文件的授权属性经常用 9 位二进制数记录，有权限的位设为 1，无权限的位设为 0，用 3 位八进制数表示，举例如下：

751 表示文件拥有者具有读、写和执行权限；同组用户具有读和执行权限；其他用户仅有执行权限。

2.文件系统类型介绍

（1）ext2 和 ext3

ext3 是现在 Linux 常见的默认的文件系统，它是 ext2 的升级版本。从 ext2 转换到 ext3 主要有以下 4 个理由：可用性、数据完整性、速度以及易于转化。ext3 中采用了日志式的管理机制，它使文件系统具有很强的快速恢复能力，并且由于从 ext2 转换到 ext3 无须进行格式化,因此,更加推进了 ext3 文件系统的大大推广。

（2）swap 文件系统

该文件系统是 Linux 中作为交换分区使用的。在安装 Linux 的时候,交换分区是必须建立的,并且它所采用的文件系统类型必须是 swap 而没有其他选择。

（3）vfat 文件系统

Linux 中把 DOS 中采用的 FAT 文件系统(包括 FAT12,FAT16 和 FAT32)都称为 vfat 文件系统。

（4）NFS 文件系统

NFS 文件系统是指网络文件系统,这种文件系统也是 Linux 的独到之处。它可以很方便地在局域网内实现文件共享,并且使多台主机共享同一主机上的文件系统。而且 NFS 文件系统访问速度快、稳定性高,已经得到了广泛的应用,尤其在嵌入式领域,使用 NFS 文件系统可以很方便地实现文件本地修改,从而免去一次次读写 Flash 的忧虑。

（5）ISO9660 文件系统

这是光盘所使用的文件系统,在 Linux 中对光盘已有了很好的支持,它不仅可以提供对光盘的读写,还可以实现对光盘的刻录。

3. 目录与路径

在 Linux 系统中,信息和程序作为文件存储在磁盘上。文件被归类到目录中,目录中包含文件和其他目录(Windows 操作系统经常将目录称为"文件夹(Folder)"。这种包括多层次的目录结构经常被称为"目录树(Directory Tree)"。

目录树的根部是名为"/"的目录,被称为"根目录(Root Directory)"。目录树中当前目录的下一级目录被称为"子目录",当前目录的上一级目录被称为"父目录"。"."可以用来表示当前目录,".."可以用来表示父目录。"～"表示用户目录。

路径是指访问某个文件或者进入某个目录时所经过的其他目录的目录名所形成的字符串,目录名之间用"/"分开。路径分相对路径和绝对路径,相对路径指从当前目录出发到指定目录所形成的目录名字符串,绝对路径指从根目录出发到指定目录所形成的目录名字符串。

Linux 文件系统中有一些常用的目录,这些目录中存放指定的内容,如图 2-17 所示。

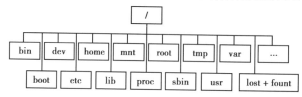

图 2-17　目录树结构图

/etc:包含大多数引导和配置系统所需的系统配置文件,如 host. conf,httpd,fstab 等,另外,还有大量的配置文件保存在子目录中,如 sshd_config 保存在目录/etc/ssh/中,lvm. conf 保存在目录/etc/lvm/中。

/lib:包含 C 编译程序所需要的函数库,这些函数库以二进制文件形式存在。

/usr:包含其他一些子目录,如 src,bin 等,其中 src 子目录中存放 Linux 的内核源代码,bin 子目录中存放已经安装的程序语言的命令,如 javac,java,gcc,perl 等。

/var:包含一些经常改变的文件,如日志文件。

/tmp:存放用户和程序所产生的临时数据文件,系统会定时清除该目录中的内容。

/bin:大多数普通用户使用的命令文件存放在此。

/home:普通用户主目录默认存放在此,系统管理员增加新用户时,若没有特别指明用户主目录,则系统会在此处自动增加与用户同名的目录作为用户主目录。

/dev:包含系统中的设备文件,如 fd0,hda 等。

/mnt:其他文件系统的挂载点。

【想一想】

1. 查找资料,看看 GNU 所规定的自由软件的具体协议是什么?

2. Linux 下的文件系统和 Windows 下的文件系统有哪些区别?

3. Linux 中的文件有哪些类? 这样分类有哪些好处?

任务二　基于 ARM 平台的电机转动控制

【任务目的】

了解宿主机和目标机的通信方式,掌握嵌入式 Linux 操作命令。

【任务要求】

通过串口通信,实现宿主机和目标机的通信,并在宿主机上通过 Linux 命令操作,实现目标机上电机转动控制。

【任务实施】

1. 连接宿主机与目标机

首先打开实验箱,找到内置的串口线,一端接在宿主机上,另一端接在目标机上,插上电源并通电。连接示意图如图 2-18 所示。

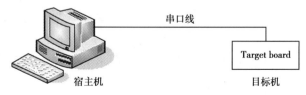

图 2-18　宿主机与目标机连接示意图

2.配置宿主机串口通信

（1）方式一

运行宿主机（Windows 系统下，以 Windows XP 为例）开始菜单，选择"程序"→"附件"→"通信"→"超级终端"（HyperTerminal）。

小提示：

在 Windows XP 操作系统下，当初次建立超级终端时，会出现如下对话框，请在□中打上"√"，并选择"否"。

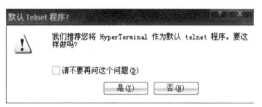

图 2-19　建立超级终端对话框

新建一个通信终端。如果要求输入区号、电话号码等信息请随意输入，出现如图 2-20 所示对话框时，为所建超级终端取名为 ARM（可随意），可以为其选一个图标，单击"确定"按钮。在接下来的对话框中选择 ARM 开发平台实际连接的 PC 机串口（如 COM1），如图 2-21 所示。

图 2-20　创建超级终端

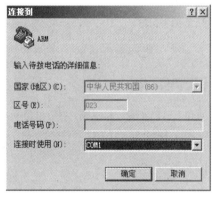

图 2-21　通信端口选择

确定后，进入串口通信的属性设置，设置通信的格式和协议。这里波特率（每秒位数）为 115 200，数据位为 8，无奇偶校验，停止位为 1，无数据流控制，如图 2-22 所示。

单击"确定"按钮完成设置。完成新建超级终端的设置以后，可以选择超级终端文件菜单中的"另存为"命令，把设置好的超级终端保存在桌面上，以备后用。

（2）方式二

在 Shell 命令行中输入"minicom"命令，键入"Ctrl + A Z"，再键入"O"，出现配置菜单，如图 2-23 所示。

● 设置 Serial port setup

使用 down 箭头选择 Serial port setup，出现具体各选项的配置：

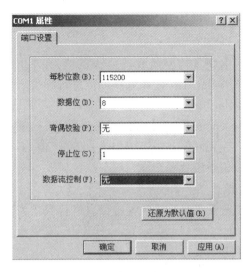

图 2-22 串口属性设置

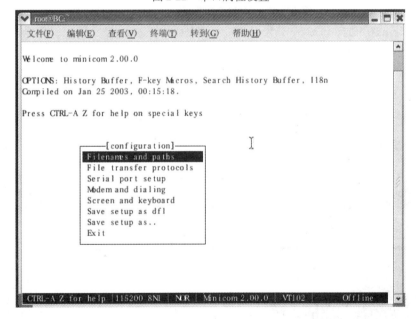

图 2-23 启动 minicom

A — Serial Device：/dev/ttyS0

B — lockfile Location：/var/lock

C — Callin Program：

D — Callout Program：

E — Bps/par/Bits：9600 8N1

F — Hardware Flow Control：YES

G — Software Flow Control：NO

Change with setting?

将选项 A 的值设置为/dev/ttyS0,表示是串口 1。

将选项 E 的值设置为 115200 8N1。

设置过程中命令的使用,例如需要修改选项 A 的值,在"Change with setting?"选项后输入 A,则光标转移到 A 选项后,可以对 A 选项的值进行修改。

- 设置 Modem and dialing

使用方向箭头选中 Modem and dialing 项,则修改 Modem and dialing 选项中的配置项。需要修改的是去掉 A — initing string …: ,B — Reset string…: ,

K — Hang-up string …3 个配置项。

- 选择 Save setup as dfl

选择 Save setup as dfl 选项将修改后的配置信息进行保存为默认的配置选项。

- 选择 Exit

选择 Exit,从配置菜单返回到命令行。

- 重新启动 minicom

在 Shell 命令行中再次输入"minicom"命令,回车后即可在 Linux 下通过串口连接器实现超级终端的功能。

小提示:

minicom 是一个 Linux 系统下的串口通信工具,就像 Windows 下的超级终端。可用来与串口设备通信,如调试交换机和 Modem 等。它的 Debian 软件包的名称就叫 minicom,用 apt-get install minicom 即可下载安装。

3.命令操作

打开目标机电机红色按钮开关。在超级终端上依次键入如图 2-24 所示的命令。

图 2-24　下位机命令行命令操作

观察目标机直流电机的转动情况如图 2-25 所示。

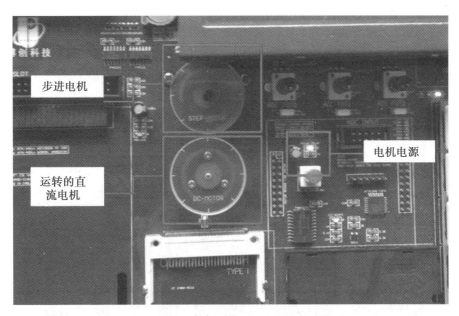

图 2-25　下位机直流电机运转示意图

最后在超级终端界面观察参数变化,如图 2-26 所示。

图 2-26　转速及方向参数变化

　　要使电机停止运转,直接在键盘上按"Ctrl + C"组合键即可停止。操作结束后,在命令行键入"rmmod",用来从 Linux 内核中卸载掉电机驱动模块,如图 2-27 所示。

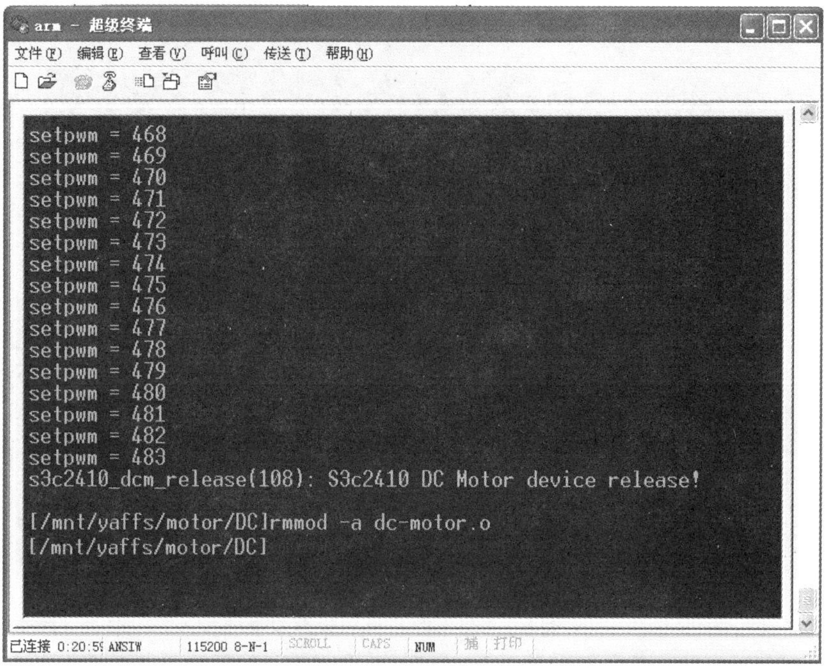

图 2-27　卸载驱动模块

【任务小结】

通过宿主机控制目标机中电机转动的操作,让读者了解宿主机和目标机的通信方式,对嵌入式 Linux 命令的使用有了初步的了解和直观的认识。与此同时,读者还了解了嵌入式系统操作的流程。嵌入式 Linux 命令在嵌入式系统操作于应用过程中是非常重要的基础,借助 Linux 自带的其他开发工具,可以对电机转动的控制程序进行修改和再次开发。后面的任务中将会介绍到嵌入式 Linux 的 C 语言编程工具。

【知识点梳理】

知识点一　通信连接方式

宿主机是开发主机,大多数时候指的就是日常使用的 PC 机,我们在宿主机上进行应用程序的开发;而目标机就是开发板,也称为目标板,它为应用程序提供运行环境。

在开发过程中,宿主机与目标机必须进行信息交互,如在调试过程中,宿主机要向目标机发送调试控制命令,目标机则需要向宿主机返回调试状态信息,开发完成后,宿主机需要将代码下载到目标机上。为了实现信息交互,宿主机与目标机之间必须存在物理的连接,连接方式依交互方式的不同而改变,主要包括 JTAG 连接、串口连接、网络连接、USB 连接。

● JTAG 连接

JTAG 主要用来实现程序的下载以及仿真,在嵌入式 Linux 开发中也用来移植 Boot-Loader,它一般通过 USB 或者并口将宿主机与目标机连接在一起。

● 串口连接

串口在调试过程中占有重要地位,它与串口调试工具(如 Windows 下的超级终端和 Linux 下的 minicom)相结合便组成一个调试控制台,该控制台可以获取用户从键盘输入的控制命令,并显示出来,然后将控制命令通过串口传送到目标机上。同时,该控制台还可以通过串口获取目标机返回的调试信息,也将其显示出来,供用户查看。当然你也可以用串口来传输文件,但是速度太慢了,不推荐使用。

串口有 9 针和 25 针两种,现在的 PC 机上一般只有 9 针的串口,而嵌入式开发中通常也都使用 9 针串口进行通信。所谓 9 针串口就是指串口有 9 个引脚,对应 9 根信号线(见表 2-2)。常用的串口有 RS-232-C 接口。

表 2-2　9 针串口信号引脚列表

引脚号	功能描述	字母代号
1	数据载波检测	DCD
2	接收数据	RXD
3	发送数据	TXD
4	数据终端准备	DTR
5	信号地	GND
6	数据设备准备好	DSR
7	请求发送	RTS
8	清除发送	CTS
9	振铃指示	DELL

不过,在实际通信过程中这 9 根信号线并不都需要,通常只要将 RXD,TXD,GND 这 3 个信号连接起来就足够了。实验箱中的串口线缆,将它的一端插在实验箱的串口 1 上,另一端插在 PC 机上就可以了。

● 网络连接

在嵌入式系统中涉及的大批数据传输,如视频、图像等都是通过网络实现。而在嵌入式的开发过程中,也常常将宿主机和目标机组建成一个网络,方便宿主机和目标机之间的文件传输。比如,在宿主机上运行 TFTP 服务器,可以将内核和文件系统烧写到目标机的 Flash 存储器中;也可以在宿主机上启动 NFS(网络文件系统)服务,挂载一个网络文件系统,方便目标机访问宿主机的数据。

网络的连接需要完成以下几项工作:

首先,用网络交叉线直接将 PC 机和开发板相连;或者用两根网络直连线(平常用的网线)和一个交换机,一根将 PC 和交换机连接,一根将开发板和交换机连接。这样就完成了宿主机和目标机的物理连接。

然后,需要配置宿主机和目标机的 IP、子网掩码和默认网关,使宿主机和目标机在同一网段。

    ● USB 连接

USB 接口支持热插拔,即插即用,而且传输速度快,这些优点使得 USB 接口无处不见。无论 PC 机还是嵌入式设备,几乎都留有 USB 接口。USB 现在有两个规范:一个是 USB1.1,一个是 USB2.0,前者最高传输率是 12 Mbps,后者最高达到 480 Mbps。

USB 也广泛应用在嵌入式开发中,如很多厂商提供的仿真器使用的是 USB 接口;嵌入式系统通过挂载 USB 接口的可移动存储设备,访问设备中的数据。

知识点二　Linux 常用命令

Linux 系统具有非常丰富的命令,绝大多数命令具有大量的选项参数,在此,仅对嵌入式开发过程中,可能用到的命令进行简单介绍。使用命令时,在命令后面加参数"-help"或者用"man 命令"可以取得命令的详细用法。

进入 Linux 系统,必须要输入用户的账号,在系统安装过程中可以创建以下两种账号:

    ● root——超级用户账号(系统管理员),使用这个账号可以在系统中做任何事情。

    ● 普通用户——这个账号供普通用户使用,可以进行有限的操作。

一般的 Linux 使用者均为普通用户,而系统管理员一般使用超级用户账号完成一些系统管理的工作。如果只需要完成一些由普通账号就能完成的任务,建议不要使用超级用户账号,以免无意中破坏系统,影响系统的正常运行。

用户登录分两步:第一步,输入用户的登录名,系统根据该登录名识别用户;第二步,输入用户的口令,该口令是用户自己设置的一个字符串,对其他用户是保密的,是在登录时系统用来辨别真假用户的关键字。

当用户正确地输入用户名和口令后,就能合法地进入系统。屏幕显示:

[root@ BC root]#

这时就可以对系统作各种操作了。

小提示:

超级用户的提示符是"#",其他用户的提示符是"$"。

在 Linux 中使用命令操作文件时,可以仅输入文件名的前几个字符,然后按"Tab"键补全文件名的后面部分,若输入的字符是多个文件名的起始字符,则系统将列出这些文件。

按键盘上的"↑""↓"键,可以翻阅以前使用过的命令,也可以输入命令"history"查看以前使用过的命令。

Linux 是一个真正的多用户操作系统,它可以同时接受多个用户登录。Linux 还允许一个用户进行多次登录,这是因为 Linux 和 UNIX 一样,提供了虚拟控制台的访问方式,允许用户在同一时间从控制台进行多次登录。虚拟控制台的选择可以通过按下"Alt"键和一个功能键(通常使用 F1 ~ F6)来实现。例如,用户登录后,按一下"Alt + F2"键,用户又可以看到"login:"提示符,说明用户看到了第二个虚拟控制台。然后只需按"Alt + F1"键,就可以回到第一个虚拟控制台。一个新安装的 Linux 系统默认允许用户使用"Alt + F1"到"Alt + F6"键来访问前 6 个虚拟控制台。虚拟控制台可使用户同时在多个控制台上工作,真正体现 Linux 系统多用户的特性。用户可以在某一虚拟控制台上进行的工作尚未结束时,切换到另一虚拟控制台开始另一项工作。

1. 文件目录操作类

(1)pwd 命令

功能:显示当前工作目录。

该命令无参数,直接输入命令 pwd 后回车,会显示当前的工作目录。

(2)cd 命令

功能:切换目录。

cd 命令格式为:

cd ［路径］

其中路径可以为相对路径或者绝对路径。

(3)ls 命令

功能:列出指定目录或者当前目录下的文件名。

ls 是用户最常用的命令之一,因为用户经常需要查看某个目录下有哪些文件。

ls 命令格式为:

ls ［选项］［文件名列表］

其中选项是对 ls 命令要执行功能的进一步说明,文件表示要显示的文件名。ls 命令常用选项见表 2-3。

表 2-3　ls 命令常用选项

选项参数	功能说明
-a	显示指定目录所包含的所有文件名与目录名,包括隐藏文件与目录
-l	每行显示一个文件的详细信息,称为以长格式显示,该选项最常用。若不加该参数,ls 将在一行中显示多个文件名,并以不同颜色来标记不同类型的文件
-d	如果后面参数是目录文件名,只显示其名称而不显示其下的各文件,经常与-l 选项一起使用,以得到目录的详细信息

(4)cp 命令

功能:将给出的文件或目录复制到指定的文件或目录中。

cp 命令的格式为:

cp ［选项］源文件 目标文件

其中选项是对 cp 命令要执行功能的进一步说明,源文件表示要复制的文件,目标文件表示源文件将被复制的目的目录名或者目的文件名。cp 命令常用选项见表 2-4。

表 2-4　cp 命令常用选项

选项参数	功能说明
-a	该选项通常在复制目录时使用,它保留链接、文件属性,并递归地复制子目录中的内容,其作用等于 dpr 选项的组合
-d	复制时保留链接
-p	除复制源文件的内容外,还将把其最后修改时间和访问权限也复制到目标文件中
-r	若源文件是目录文件,cp 将递归复制该目录下所有的子目录和文件,目标文件名必须为一个目录文件名
-l	不复制,只是链接文件

（5）mv 命令

功能:将指定文件或目录改名或将指定文件或目录进行移动。

mv 命令中若源文件名与目标文件名处于同一个目录中,则执行文件改名功能;其余情况执行文件或者目录移动功能。在跨文件系统移动文件或目录时,先执行复制文件或目录功能,再将原有文件或目录进行删除,同时,链接至该文件的链接也将丢失。

mv 命令的格式为:

mv　[选项]源文件 目标文件

其中选项是对 mv 命令要执行功能的进一步说明,源文件表示要移动或改名的文件,目标文件表示要将源文件移动到何处或改为新的名字。

表 2-5　mv 命令常用选项

选项参数	功能说明
-i	交互方式操作,如果 mv 操作将导致对已存在目标文件的覆盖,则系统要求用户选择"y"进行文件覆盖或"n"放弃覆盖
-f	禁止交互操作,在 mv 操作要覆盖已有的目标文件时不给任何提示而直接覆盖目标文件
-u	只有在源文件比目标文件新,或者目标文件不存在时,才执行移动功能

（6）rm 命令

功能:将不用的文件或者目录删除。该命令可以一次删除一个或多个文件或目录,对于链接文件,只是删除链接,原有文件保持不变。

rm 命令的格式为:

rm [选项]文件

其中选项是对 rm 命令要执行功能的进一步说明,文件表示要删除的文件名。rm 命令常用选项见表 2-6。

表 2-6　rm 命令常用选项

选项参数	功能说明
-f	删除过程中直接删除指定的文件或子目录而不需要进行确认
-r	将指定的目录及其子目录递归地删除,删除时需要用户确认
-i	删除文件或者目录前进行确认,输入 y 或者 yes 进行删除,输入 n 或者 no 或者其他字符则放弃删除

(7)cat 命令

功能:显示文本文件的内容。该命令后可以跟多个文本文件名,将依次显示每个文件的内容。

cat 命令的格式为:

cat　[选项]文件

其中 cat 命令的选项使用较少,在这里不加以说明。

(8)head 命令

功能:用于查看指定文本文件开头的内容。

head 命令的格式为:

head[选项]文件

其中选项是对 head 命令要执行功能的进一步说明,文件表示要查看内容的文件列表。head 命令常用选项见表 2-7。

表 2-7　head 命令常用选项

选项参数	功能说明
-c	指明要查看文件的前多少个字符
-n	指明要查看文件的前多少行
-q	在文件内容前不显示文件名标志
-v	在文件内容前显示文件名标志

(9)ln 命令

功能:建立链接。

ln 命令的格式为:

ln[选项]源 目标

其中选项是对命令 ln 要执行功能的进一步说明,源表示要建立链接的文件名或目录名,目标表示产生的链接文件名或目录名或存储链接文件的目录。ln 命令常用选项见表2-8。

表 2-8　ln 命令常用选项

选项参数	功能说明
-f	若目标已经存在,则无须确认覆盖目标
-i	若目标已经存在,则提示用户是否覆盖目标
-s	建立符号链接
-v	显示命令执行信息

当 ln 命令中无-s 选项时表示建立硬链接,硬链接建立成功时,源文件的链接数自动增加 1;当 ln 命令中加-s 选项时表示建立符号链接,符号链接的建立不会改变源文件的 iNode 链接数。

(10)打包压缩相关命令

打包压缩相关命令见表 2-9。

表 2-9　打包压缩相关命令

压缩工具	解压工具	压缩文件扩展名
gzip	gunzip	. gz
zip	unzip	. zip
compress	uncompress	. Z
tar	tar	. tar

(11)tar 命令

功能:文件和目录的备份命令,能够将指定的文件和目录打包成一个归档文件即备份文件。打包与压缩是两个不同的概念,打包是把多个文件组成一个总的文件,不一定被压缩。

tar 命令的格式为:

tar 主选项［辅选项］文件名

其中,主选项是必需的,辅选项可选。tar 命令常用选项见表 2-10。

表 2-10　tar 命令常用选项

	选项参数	功能说明
主选项	-c	创建新的归档文件
	-r	把要备份的文件和目录追加到归档文件的末尾
	-t	列出归档文件的内容
	-u	用新文件替换归档文件中的旧文件,若归档文件中没有相应的旧文件,则把新文件追加到备份文件的末尾
	-x	从归案文件中恢复文件

	选项参数	功能说明
辅选项	-f	使用归档文件或设备,这个选项通常是必选的
	-k	还原备份文件时,不覆盖已经存在的文件
	-v	详细报告 tar 处理的文件信息,如无此选项,tar 不报告文件信息
	-C	配合主选项"x",指明解压文件要存储的目录

(12)gzip 命令

功能:对单个文件进行压缩或对压缩文件进行解压缩。

gzip 命令的格式为:

gzip ［选项］压缩或解压缩文件名

gzip 命令常用选项见表 2-11。

表 2-11　gzip 命令常用选项

选项参数	功能说明
-d	对压缩文件进行解压缩
-r	以递归方式查找指定目录并压缩其中所有文件或解压缩
-v	对每个压缩文件显示文件名和压缩比
-num	指定压缩比,取值为 1~9。1 为压缩比最低,9 为最高,默认为 6

(13)rpm 命令

功能:用于对 RPM 文件进行操作,RPM 是 Red Hat Package Manager(Red Hat 包管理器)的简称,是最早由 Red Hat 提出的在 Linux 下的安装软件包,现在已经被广泛应用到其他公司发行的 Linux 系统中。

●安装 RPM 软件包

命令格式为:

rpm -i（or-install）选项 file1. rpm...fileN. rpm

其中 file1. rpm...fileN. rpm 表示要安装的 RPM 软件包,选项分详细选项和通用选项。

●编译 RPM 源代码包

RPM 源代码包不能直接安装,需要编译后才能安装。

编译 RPM 源代码包命令为:

rpm-rebuild Filename. src. rpm

该命令会产生一个 RPM 的二进制包,文件名为 Filename. rpm,二进制文件的具体存放地点与 Linux 发行版本有关。二进制文件包产生后就可以按照前面的叙述进行安装了。

● 删除 RPM 软件包

命令格式为：

rpm-e（or-erase）选项 pkg1...pkgN

其中 pkg1...pkgN 表示要删除的 RPM 软件包，选项分详细选项和通用选项。

● 升级 RPM 软件包

命令格式为：

rpm -U（or-upgrade）选项 file1.rpm...fileN.rpm

其中 file1.rpm...fileN.rpm 表示 RPM 升级软件包，选项分详细选项和通用选项。

● 查询 RPM 软件包

命令格式为：

rpm -q（or-query）选项 pkg1...pkgN

其中 pkg1...pkgN 为要查询的软件包，选项分详细选项、信息选项和通用选项。

● 校验已安装的 RPM 软件包

命令格式为：

rpm -V（or-verify, or -y）选项 pkg1...pkgN

其中 pkg1...pkgN 为将要校验的软件包名，选项有软件包选项、详细选项和通用选项。

● 校验软件包中的文件

命令格式为：

rpm -K（or-checksig）选项 file1.rpm...fileN.rpm

其中 file1.rpm... fileN.rpm 为要校验的 RPM 软件包，选项分详细选项和通用选项。

2. 权限类

（1）chmod 命令

功能：改变文件的访问许可权限。在 chmod 命令中，用户和访问许可权限既可以用字母表示，也可以用数字表示。

chmod 命令的格式为：

chmod ［选项］权限表示 文件

chmod 命令常用选项见表 2-12。

表 2-12　chmod 命令常用选项

选项参数	功能说明
-R	表示许可权限的设置对指定目录及其子目录下的所有文件和目录都有效
-v	显示命令执行的信息

（2）chown 命令

功能：改变指定文件的文件主，出于安全考虑，该命令只能由 root 用户执行。

chown 命令的格式为：

chown［选项］［组：］用户 文件

其中选项是对 chown 命令功能的进一步说明，组表示要将文件所设定的组，用户表示文件的新文件主，文件表示要设置的文件列表。chown 命令常用选项见表 2-13。

表 2-13 chown 命令常用选项

选项参数	功能说明
-R	以递归的形式改变指定目录及其子目录下文件和目录的文件主
-v	显示命令执行的信息

（3）chgrp 命令

功能：改变指定文件所属的组。

chgrp 命令的格式为：

chgrp［选项］组名 文件

其中选项是对 chgrp 命令功能的进一步说明，组名表示指定文件即将所属的组，文件表示需要修改组的文件列表。chgrp 命令常用选项见表 2-14。

表 2-14 chgrp 命令常用选项

选项参数	功能说明
-R	以递归的形式改变指定目录及其子目录下文件和目录的组
-v	显示命令执行的信息

（4）su 命令

功能：从当前用户切换到另外一个用户，在用户切换时，若当前用户为 root，则不需要输入任何密码，否则，必须正确输入要切换的用户密码。

su 命令的格式为：

su［用户名］

其中用户名就是要切换的用户名，当用户名省略时，切换到 root 用户。要返回原来的用户环境，输入命令 exit 或者按键盘的"Ctrl + D"键。

（5）useradd 或 adduser 命令

功能：系统中增加新的用户，该命令必须由 root 用户执行。

命令 useradd 的格式为：

useradd［选项］用户名

其中选项是创建新用户时的进一步要求，用户名是要创建的新用户的名字。useradd 命令常用选项见表 2-15。

表 2-15　useradd 命令常用选项

选项参数	功能说明
-d	指明要创建的用户目录,该选项缺省时在/home/目录下创建一个与用户名同名的目录作为用户的家目录
-e	指明用户失效时间,即在指定日期之后,该用户不能登录系统
-G	指明新创建用户所属的组列表,一个用户可以属于多个组

(6)passwd 命令

功能:修改用户的密码。

passwd 命令的格式为:

passwd〔用户名〕

当用户名缺省时表示修改当前用户密码;当指明用户名时,表示修改指定用户的密码。只有 root 用户才能修改其他用户的密码,非 root 用户只能修改自己的密码。Linux 要求密码最少为 6 个字符,并且鼓励用户设置夹杂数字、字母和其他字符的较长密码。

3.磁盘操作类

(1)mount 命令

功能:挂载其他文件系统到当前文件系统中,被挂载的文件系统必须是当前 Linux 系统所能识别的系统。

mount 命令的格式为:

mount〔选项〕〔挂载点〕

其中选项是对 mount 命令要执行功能的进一步说明,挂载点表示被挂载的文件系统的根目录在当前文件系统中的位置。通常,目录/mnt/作为挂载其他文件系统的挂载点,如果需要同时挂载多个文件系统,则经常在目录/mnt/下建立多个对应的子目录作为特定文件系统的挂载点,例如目录/mnt/cdrom/作为光盘挂载点,目录/mnt/nfs/作为网络文件系统挂载点,目录/mnt/floppy/作为软盘挂载点等。mount 命令常用选项见表 2-16。

表 2-16　mount 命令常用选项

选项参数	功能说明
-a	挂载/etc/fstab 文件中所列的全部文件系统
-t	指定所要挂载的文件系统名称,系统所支持的文件系统信息在/proc/filesystems 文件中保存
-o	后跟指定选项,如 nolock,iocharset 等,选项之间用逗号分隔
-n	挂载文件系统但是不把所挂载文件系统的信息写入/etc/mtab 文件中,/etc/mtab 文件中保存当前所挂载文件系统的信息
-w	将所挂载的文件系统设为可写,但是所挂载的文件系统本身可写时,该选项才有效,例如,以可写形式挂载 CDROM 到系统中,但仍然不能写数据到 CDROM 中
-r	将所挂载的文件系统设为只读
-h	mount 命令的使用帮助

（2）umount 命令

功能：卸载利用 mount 挂载的文件系统。

umount 命令的格式为：

umount 挂载点

其中挂载点表示要卸载文件系统的挂载点。

（3）df 命令

功能：显示硬盘各分区和已挂载文件系统的信息。

df 命令的格式为：

df ［选项］［文件］

其中选项表示对 df 命令要执行功能的进一步说明，文件表示显示指定文件所在文件系统的信息。df 命令常用选项见表 2-17。

表 2-17 df 命令常用选项

选项参数	功能说明
-a	显示所有本机和已挂载文件系统的信息，包括 0 区块的文件系统，例如/proc，/sys，/dev，/pts 等
-i	显示各文件系统的 inode 使用情况
-k	显示磁盘空间使用情况，以 kB 为单位显示
-t	列出所有属于指定文件系统类型的磁盘分区空间的使用情况
-x	列出所有不属于指定文件系统类型的磁盘分区空间的使用情况
-T	列出每个磁盘分区所安装的文件系统名称
-l	仅列出本机的文件系统信息

4.模块操作类

（1）lsmod 命令

Linux 系统为了保证能方便地支持新设备、新功能，而又不会无限扩大内核规模，对设备驱动和文件系统部分采用了可动态加载的模块化设计方式，用户在需要时可以动态加载这些模块，使用完毕后可以动态卸载这些暂时不用的模块，以减少内核对系统内存的占用。

功能：列出当前系统中已经加载的模块。

lsmod 命令的格式为：

lsmod

lsmod 命令形式简单，无参数和选项。分四列显示当前加载的模块，第一列显示模块名称；第二列以字节为单位显示模块的大小；第三列显示正在使用该模块的程序数量，该值为 0 时表示该模块当前未被使用，可以卸载；第四列显示正在使用该模块的动态可加载模块名称，其他使用该模块的程序名称不被显示。

（2）insmod 命令

功能：将一个可动态加载的内核模块加载到内核中。

insmod 命令的格式为：

insmod 模块文件名

通常情况下，系统内核模块的文件后缀为".ko"，而扩展内核模块的文件后缀为".o"，系统内核模块位于目录"/lib/modules/2.6.18-8.10WS"的各个子目录中，扩展模块位于用户指定的目录中。该命令只能由 root 用户执行。

（3）rmmod 命令

功能：将内核中未被使用的模块进行卸载，正在使用的模块不能被卸载，该命令只能由 root 用户执行。

rmmod 命令的格式为：

rmmod ［选项］ 模块名

其中选项是对 rmmod 功能的进一步说明，模块名表示要卸载的模块名字，模块名可以包含后缀，也可以不包含后缀。rmmod 命令常用选项见表 2-18。

表 2-18　rmmod **命令常用选项**

选项参数	功能说明
-v	显示命令执行的详细信息
-f	危险的选项，建议不使用，该选项表示强制卸载指定模块，而不管该模块当前是否正在被使用，或者是否可允许卸载
-w	卸载指定模块时，若该模块目前正在被使用，则一直等到该模块空闲时再卸载
-s	将命令执行中产生的错误信息不显示而直接写入日志文件

5. 网络配置类

（1）ifconfig

功能：查看当前网络的设置，也可以修改当前网络的设置。

ifconfig 命令有两种格式，如下：

ifconfig ［interface］

和

ifconfig interface ［aftype］ option | address...

其中，第一种格式为查看当前网络的设置，第二种格式为修改当前网络的设置。

●查看网络设置

ifconfig 命令后面的选项［interface］为网卡的设备名，对网卡的设备名作如下说明。

说明：

eth0 表示系统的第一块以太网卡，eth1 表示系统的第二块网卡，以此类推。当网卡的设备名为 lo 时，表示纯软件网卡，其作用主要是当系统无网卡或网卡无连接时，让系统仍然认为自己工作在网络环境中。lo 经常被称为"回绕设备"或"本地回环设备"，lo 的 IP

地址为本机测试地址,即 127.0.0.1。

当 ifconfig 命令后面没有选项时,表示查看所有网卡的设置,否则查看指定网卡的设置。

• 修改网络设置

ifconfig 命令用于修改网络设置时,参数 aftype 表示所使用的网络协议,默认为 inet (TCP/IP),还可以是 inet6(Ipv6),ax25,ddp,ipx,netrom 等。option 常用选项见表 2-19。

表 2-19　option 常用选项

选　　项	说　　明
up	激活指定网卡
down	关闭指定网卡
netmask	设置子网掩码
media	设置网卡速度类型
pointopoint	设置当前主机以点对点方式通信时,对方主机的网络地址
address	设置指定网卡的 IP 地址

• 命令使用举例

ifconfig eth0 // 查看系统中第一块以太网卡信息。

ifconfig lo // 查看本地回绕网卡的信息。

ifconfig eth0 up // 激活网卡 eth0。

ifconfig lo down // 关闭本地回绕网卡。

ifconfig eth0 192.168.0.22 netmask 255.255.255.0 // 设置网卡 eth0 的 IP 地址为 192.168.0.22,子网掩码为 255.255.255.0。

ifconfig eth0:0 192.168.0.23 netmask 255.255.255.0 broadcast 192.168.0.255

// 给网卡 eth0 绑定另外一个 IP 地址,设备别名为 eth0:0,IP 地址为 192.168.0.23,子网掩码为 255.255.255.0,广播地址为 192.168.0.255。现在网卡 eth0 有两个 IP 地址。

ifconfig eth0:1 192.168.0.24 // 给网卡 eth0 绑定另外一个 IP 地址,设备别名为 eth0:1,IP 地址为 192.168.0.24,子网掩码和广播地址使用缺省地址。现在网卡 eth0 有 3 个 IP 地址,可以使用 ifconfig eth0 查看到。

ifconfig eth0 pointopoint 192.168.0.50 // 设置网卡 eth0 与 IP 地址为 192.168.0.50 的主机可以以点对点的形式通信。

(2) ifup

功能:重新启动指定的网络设备。

ifup 命令的格式为:

ifup　网络设备文件名

ifup 命令使用举例如下:

ifup eth0 // 重新启动网卡 eth0

ifup lo // 重新启动本地回绕网卡 lo

（3）ifdown

功能：关闭指定的网络设备。

ifdown 命令的格式为：

ifdown 网络设备文件名

（4）ping

功能：检查网络连接情况，ping 命令执行时使用 ICMP 传输协议，给目标主机发出要求回应的信息，若目标主机的网络功能没有问题，就会返回回应信息。当目标主机无效或者禁用 ping 功能时，ping 命令的执行会失败。

ping 命令的使用举例如下：

ping 192.168.0.1 // 检查本机与 IP 地址为 192.168.0.1 的主机的网络连接是否正常。

ping -c 3 ftp.linux.lut.cn　// 检查本机与主机 ftp.linux.lut.cn 的网络连接是否正常，并设置回应次数为 3，需要网络中的 DNS 服务器将域名 ftp.linux.lut.cn 转换为 IP 地址。

ping -R 202.201.32.200 // 检查本机与 IP 地址为 202.201.32.200 的主机的网络连接是否正常，并且显示路由信息。

【练一练】

在虚拟机平台加载 Linux 操作系统，利用提供的系统完成 Linux 常用命令操作。

1. 假设当前在/root 目录下（［root@ BC root］），请写出实现以下功能的命令。

（1）进入/usr/etc。

（2）进入上一级目录。

（3）进入根目录。

（4）进入/home。

（5）显示当前路径。

2. 假设当前目录是/root，请写出实现以下功能的命令。

（1）在/home 目录下，新建一个子目录 mysub，并将/usr/src 目录下的所有文件复制到 mysub 目录下。

（2）在/home 目录下，新建一个子目录 test，并将/usr/test 目录下的所有扩展名为.c 的文件复制到 test 目录下。

3. 假设当前目录在/root，请写出实现以下功能的命令。

（1）删除/home/mysub 目录。

（2）删除/home/test 目录。

4. 使用 NFS mount 主机的/arm2410s 到/host 目录命令。

注意：使用-t nfs -o nolock，主机的 IP 地址为 192.168.123.118。

5. 假设当前目录在/root，请写出实现以下功能的命令。

（1）将/home/etc/zhy 目录打包为 zhy.tar。

（2）将/root/mysub 目录打包并压缩为 mysub.tar.gz。

（3）将/root/mysub.tar.gz 解压缩。

项目三 基于 Linux 的嵌入式系统开发

任务一 交叉编译环境搭建

【任务目的】

1. 理解建立嵌入式交叉编译环境的意义。
2. 掌握交叉编译环境搭建的方法。

【任务要求】

1. 配置上位机 Linux 网络服务,使文件资源共享。
2. 搭建交叉编译环境。

【任务分析】

交叉编译就是在一个平台上(如 PC)生成另一个平台上(如 ARM)可运行代码的编译技术。

比如,我们在 Windows 平台上,可使用 Visual C++ 开发环境,编写程序并编译成可执行程序。这种方式下,我们使用 PC 平台上的 Windows 工具开发针对 Windows 本身的可执行程序,这种编译过程称为 Native Compilation,中文可理解为本机编译。然而,在进行嵌入式系统的开发时,则不能直接编译。原因有两个:一是运行程序的目标平台通常具有有限的存储空间和运算能力,比如常见的 ARM 平台,其一般的静态存储空间大概是 16 ~ 32 MB,而 CPU 的主频大概在 100 ~ 500 MHz。这种情况下,在 ARM 平台上进行本机编译就不太可能了,因为一般的编译工具链(Compilation Tool Chain)需要很大的存储空间,并需要很强的 CPU 运算能力。为了解决这个问题,交叉编译工具就应运而生了。通过交叉编译工具,我们就可以在 CPU 能力很强、存储控件足够的主机平台(如 PC)上编译出针对其他平台的可执行程序。二是宿主机与目标机的运行环境并不相同,所以必须要提供不同的类库,使得宿主机上开发的代码能在目标机上运行。

搭建交叉编译环境是嵌入式开发的第一步,也是关键的一步。不同的体系结构、不同的操作内容甚至是不同版本的内核,都会用到不同的交叉编译器。选择交叉编译器非常重要,有些交叉编译器经常会有部分的 BUG,都会导致最后的代码无法正常运行。本任务需要实现 ARM-X86 交叉编译平台的搭建。

【任务实施】

将实验箱自带光盘的 Linux 工具软件目录复制到 Windows 系统中,并找到"2410-S

V4.1"文件夹下的"Linux V7.2"文件夹,对其设置共享(本任务中共享名设置为"tools"),如图 3-1 所示。

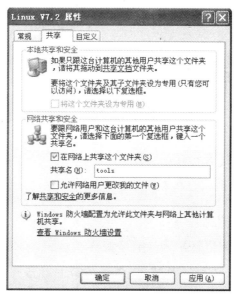

图 3-1　Windows 设置共享文件

设置共享后,开启 Linux 的 smb 服务,如图 3-2 所示。

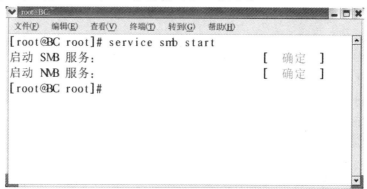

图 3-2　开启 smb 服务

然后通过 smb 服务将已共享的"Linux V7.2"文件夹复制到 Linux 系统下的"/home"目录下,如图 3-3 所示。

在"/home"下执行"install.sh",安装脚本程序将自动建立"/arm2410s"目录,并将所有开发软件包安装到"/arm2410s"目录下,同时自动配置编译环境,建立合适的符号连接,如图 3-4 所示。

安装完成后需要重新启动 Linux 系统方能生效。

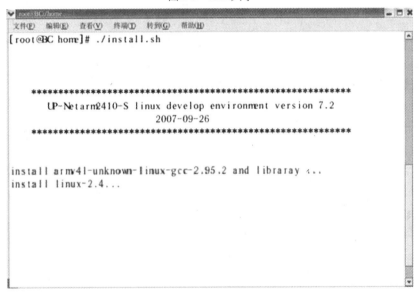

图 3-3　smb 共享

图 3-4　安装脚本程序

小提示：

安装完成后看一下主编译器 armv4l-unknown-linux-gcc 是否在 "/opt/host/armv4l/bin/"，如果不是这个路径，可以使用 "vi" 修改 "/root/.bash_profile" 文件中 PATH 变量为 "PATH = $PATH：$HOME/bin：/opt/host/armv4l/bin/"，存盘后执行 "source /root/.bash_pro file"，则以后 "armv4l-unknown-linux-gcc" 会自动搜索到，可以在终端上输入 "armv"，然后按 "Tab" 键，会自动显示 "armv4l-unknown-linux-"。

【任务小结】

交叉编译环境的建立包括硬件平台的建立和软件平台的建立，因为嵌入式系统的特点，它的开发与 PC 机上开发相比有很多复杂的前提工作，这正是嵌入式开发的难点之一，希望读者能掌握开发环境搭建的每个环节。

【知识点梳理】

通常的嵌入式系统的软件开发采用一种交叉编译调试的方式。交叉编译调试环境建立在宿主机(即一台 PC 机)上。

运行 Linux 的 PC(宿主机)开发时使用宿主机上的交叉编译、汇编及连接工具形成可执行的二进制代码(这种可执行代码并不能在宿主机上执行,而只能在目标板上执行),然后把可执行文件下载到目标机上运行。调试时的方法很多,可以使用串口、以太网口等,具体使用哪种调试方法可以根据目标机处理器提供的支持作出选择。宿主机和目标板的处理器一般不相同,宿主机为 Intel 处理器,而目标板如 UP-NetARM2410-CL 开发板为三星 S3c2410.GNU 处理器。编译器提供这样的功能,在编译器编译时可以选择开发所需的宿主机和目标机从而建立开发环境。所以在进行嵌入式开发前的第一步工作就是要安装一台装有指定操作系统的 PC 机作宿主开发机,对于嵌入式 Linux,宿主机上的操作系统一般要求为 Redhat Linux。嵌入式开发通常要求宿主机配置有网络,支持 NFS(为交叉开发时 mount 所用)。然后要在宿主机上建立交叉编译调试的开发环境。环境的建立需要许多的软件模块协同工作,这将是一个比较繁杂的工作。

知识点一　交叉编译环境

通用计算机使用的 Linux 软件开发都是以 Native 方式进行的,即本机(HOST)开发、调试,本机运行的方式。嵌入式系统的开发不能以 Nativie 方式,而只能以交叉编译的方式进行,这是因为在目标机上没有足够的资源运行开发工具和调试工具。

由于目的平台上不允许或不能够安装所需要的编译器,而我们又需要这个编译器的某些特征;或是因为目的平台上的资源贫乏,无法运行我们所需要的编译器;或是又因为目的平台还没有建立,连操作系统都没有,根本谈不上运行什么编译器;这些都需要交叉编译环境。

交叉编译调试环境建立在宿主机上,对应的开发板或实验箱称为目标机。

开发程序时,使用宿主机上的交叉编译、汇编及链接工具形成可执行的二进制代码(这种可执行代码并不能在宿主机上执行,而只能在目标机上执行),然后把可执行文件下载到目标机上运行。

在嵌入式开发中,由于宿主机和目标机的处理器架构一般不相同,宿主机(如 PC 机)为 Intel 处理器,而目标机为 ARM 体系的处理器,因此在宿主机上可以运行的代码却不一定能在目标机上运行。要解决这个问题,就需要在宿主机上生成目标机上运行的代码,也称为目标代码,这一过程就是嵌入式系统中的交叉编译。

要完成程序编译并生成可执行代码,都要经过一系列的处理,这一系列处理包括预编译、高级语言编译、汇编、连接及重定位。这些处理过程需要一系列的编译链接工具和相关的库,包括 gcc 编译器、ld 连接器、gas 解释器、ar 打包器,还包括 C 程序库 glibc 以及 gdb

调试器,这些工具的集合组成了一套编译工具链。宿主机上安装了发行版的 Linux,它包含了一整套完整的工具链,这套工具链在嵌入式开发中又称为本地工具链。在嵌入式 Linux 开发中,拥有一套完善的工具链也相当重要,这套工具链被称为交叉编译工具链。交叉编译工具链的每个工具名字都加了一个前缀,用来区别本地的工具链(如 arm-linux-gcc,arm-linux-ar 等),除了体系结构相关的编译选项以外,它的使用方法与宿主机上的 gcc 相同。所以 Linux 编程技术对于嵌入式 Linux 同样适用。

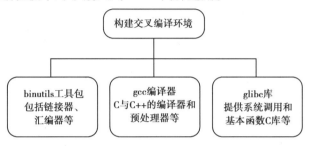

图 3-5　交叉编译环境

交叉编译器完整的安装一般涉及多个软件的安装(可以从 ftp://gcc.gnu.org/pub/下载),包括 binutils,gcc,glibc,glibc-linuxthreads 等软件。其中,binutils 主要用于生成一些辅助工具,如 readelf,objcopy,objdump,as,ld 等;gcc 是用来生成交叉编译器的,主要生成 arm-linux-gcc 交叉编译工具(应该说,生成此工具后已经搭建起了交叉编译环境,可以编译 Linux 内核了,但由于没有提供标准用户函数库,用户程序还无法编译);glibc 主要是提供用户程序所使用的一些基本的函数库,glibc-linuxthreads 是线程相关函数库。这样,交叉编译环境就完全搭建起来了。

说明:

现在嵌入式平台社区或厂商一般会提供在各种平台上测试通过的交叉编译器,而且也有很多把以上安装步骤全部写入脚本文件或者以发行包的形式提供,这样就大大方便了用户的使用。本书中使用的实验开发平台附带的光盘文件配套有这些工具,并且提供了一个自动安装的脚本文件,这样我们就不用自己去编译、安装这些工具,只需要执行该脚本文件即可将这些工具安装好。

知识点二　网络服务

Linux 中有大量的网络服务,本章仅选取与嵌入式开发有关的网络服务进行介绍,例如嵌入式开发工程中可能会使用的 TFTP、Telnet、smb 和 NFS 服务。TFTP 服务实现上位机与下位机之间文件的传输、无磁盘网络设备的启动等功能;Telnet 服务实现远程登录功能;smb 协议通常是被 Windows 系列用来实现磁盘和打印机共享(网上邻居);NFS 服务实现网络文件系统功能。

1. TFTP 服务

TFTP(Trivial File Transfer Protocol,简单文件传输协议)是 TCP/IP 协议簇中的一个用

来在客户机与服务器之间进行简单文件传输的协议,它基于 UDP(User Data Protocol)协议实现,使用超时重传方式来保证数据的到达。使用 TFTP 协议所构建的 TFTP 服务具有功能简单、系统开销小的特点,仅提供文件上传与下载功能,不提供文件和目录列表功能,也不提供文件存取授权和用户身份认证的功能,经常用于在局域网中传输小文件、启动无盘工作站、启动网络设备等。在嵌入式开发过程中,经常利用 TFTP 服务将主机中的数据或者程序下载到嵌入式设备中。

TFTP 分为客户端和服务器端两种,首先在上位机上开启 TFTP 服务器端服务,设置公共客户端下载的内容,再在下位机上开启 TFTP 客户端服务(该服务主要由 Bootloader 提供)。这样,上位机与下位机连接后,就可以通过 TFTP 协议传输文件了。

TFTP 服务的客户端软件有多个,它们能够实现相同的功能,但在使用时有一些区别。常见的有 3 种,分别为普通 Linux 客户端、嵌入式 Linux 客户端和 Windows 客户端。

(1)Linux 下 TFTP 服务配置

Linux 下 TFTP 服务是由 xinetd 所设定,默认是关闭状态。Linux 下 TFTP 服务配置如下:

```
#vi /etc/xinetd.d/tftp
service tftp
{
        socket_type  =  dgram
        protocol  =  udp
        wait  =  yes
        user  =  root
        server  =  /usr/sbin/in.tftpd
        server_args  =  -s /tftpboot
        disable  =  no
        per_source  =  11
        cps  =  100 2
        flags  =  IPv4
}
```

这里主要是将"dispalay = yes"改为"display = no",从 server_args 可以看出,TFTP 服务默认根目录为"/tftpboot",此目录可以更改。

需要重启 xinetd,配置才能生效。操作如下:

重启 TFTP 服务

`# /etc/init.d/xinetd restart`

启动 TFTP 服务

`# /etc/init.d/xinetd start`

关闭 TFTP 服务

`# /etc/init.d/xinetd stop`

查看 TFTP 状态

\# netstat-au | grep tftp

Proto Recv-Q Send-Q　Local Address　Foreign Address　State

udp　　　0　　　0　　＊:tftp　　　　　　＊:＊

● 普通 Linux 客户端

该 TFTP 客户端软件被大多数 Linux 的发行版所采用,具有一个命令行状态,在命令行状态下可以通过自身的命令实现文件下载、上传、状态设置、状态查看等功能。在 Linux 终端窗口中输入命令"tftp 主机 ip 地址［端口号］"可进入 TFTP 客户端软件的命令行状态,端口号缺省时自动设为 69。

tftp 192.168.0.46 //启动 FTP 服务客户端

在 TFTP 客户端软件的命令行状态下,共有 13 个命令:

● ? 或 help

查看可用命令及简单的功能描述,也可以查看指定命令的功能描述。

help //查看可用命令

help put //查看命令 put 的功能

● connect

在不退出命令行状态的情况下,连接 TFTP 指定的服务器。

tftp 192.168.0.46 //使用默认端口 69 连接 TFTP 服务器 192.168.0.46

● mode

设置数据传输模式,可以设置为文本方式(ascii)或者二进制形式(octet)。

mode ascii //设置传输模式为文本方式

mode octet //设置传输模式为二进制方式

● put

上传文件,有 3 种形式。

put aa.txt //将当前目录下的文件 aa.txt 上传到服务器上,文件名不变

put aa.txt aa1.txt //将文件 aa.txt 上传到服务器上,以文件名 aa1.txt 保存

put aa.txt bb.txt mydoc //将当前目录下的文件 aa.txt 和 bb.txt 上传到服务器服务目录的子目录 mydoc 中,文件名不变,子目录 mydoc 的操作权限应设为其他用户可写

● get

下载文件,有 3 种形式。

get aa.txt //将 TFTP 服务器上的文件 aa.txt 下载到本地主机的当前目录下

get aa.txt aa1.txt //将 TFTP 服务器上的文件 aa.txt 下载到本地主机的当前目录下,以文件名 aa1.txt 保存

get a1.txt a2.txt a3.txt //将 TFTP 服务器上的文件 a1.txt、a2.txt 和 a3.txt 下载到本地主机的当前目录下,以原来的文件名保存

● quit

退出 TFTP 客户端软件。

quit //退出 TFTP 客户端软件

● verbose

设置是否以详细的形式显示文件下载与上传的过程。设置为详细形式时,显示内容包括 TFTP 服务器 IP 地址、源文件、目标文件、传输方式、传输时间、传输速度等。

verbose on //设置为详细形式

verbose off //关闭详细显示

● trace

设置是否跟踪命令的执行过程。设置为跟踪形式时,将显示命令执行的详细信息。

trace on //设置为跟踪形式

trace off //关闭跟踪形式

● status

查看当前的设置,内容包括所连接的 TFTP 服务器、数据传输模式、是否为详细形式、是否为跟踪形式、单个数据包超时重传时间、总的超时重传时间。

status //查看当前设置

● binary

相当于命令"mode octet"。

binary //设置传输模式为二进制方式

● acsii

相当于命令"mode ascii"。

ascii //设置传输模式为文本方式

● rexmt

设置单个数据包的超时重传时间,即如果数据包的发送方在该时间内还未收到接收方的确认信息,就认为刚才发送的数据包已经丢失,对其进行重新发送。

rexmt 8 //设置单个数据包的超时重传时间为 8 s,默认为 5 s

● timeout

设置总的超时重传时间,即单个数据包的超时时间累计超过该时间时,对所传输的数据从头开始重新传输。

timeout 30 //设置总的超时重传时间为 30 s,默认为 25 s

● 嵌入式 Linux 客户端

嵌入式 Linux 客户端没有命令行状态,只能通过命令选项来设置数据的传输,并且只能以二进制的模式进行传输。

命令格式为:

tftp [选项] 主机 [端口]

其中选项是对命令所要执行功能的进一步说明,主机代表 TFTP 服务器,端口默认为 69。

选项如下:

　　-l:表示本地文件

-r:表示 TFTP 服务器端文件

-g:从服务器下载文件

-p:上传文件到服务器

-b:指明数据传输过程中数据块的大小,默认为 512 B

tftp -l test. txt-r test. txt -g 192.168.0.46 //从 TFTP 服务器下载文件 test. txt 到客户端的当前目录,保存文件名为 test. txt

tftp -l exp. txt-r exp1. txt-p 192.168.0.46 -b 100 //将客户端当前目录下的文件 exp. txt 上传到主机 192.168.0.46 上,保存文件名为 exp1. txt,传输过程中的数据块大小为 100 B

(2)Windows 下 TFTP 服务配置

在 Windows 下配置 TFTP 服务需要安装使用 TFTP 服务器软件,常见的有 TFTPD32 (见图 3-6),此软件可在网上下载。

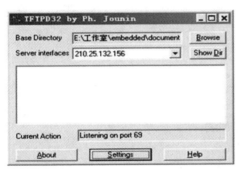 

图 3-6 TFTPD32 软件界面

2. Telnet

Telnet 是一个基于字符界面的远程登录协议。通过 Telnet,用户可以远程登录到指定的主机中,以本地主机为仿真终端对远程主机进行操作。

使用 Telnet 进行远程登录时,数据以明码的方式在网络上进行传递,用户的用户名和密码也是以明码方式在网络上传递,因此,Telnet 的安全性不高,主要应用在局域网中。在嵌入式系统开发过程中,嵌入式设备经常使用 Telnet 与上位机连接。

Telnet 软件包由两部分构成,即服务器端和客户端,绝大多数 Linux 系统是默认安装 Telnet 软件包的。

使用 Telnet 进行远程登录时,数据以明码的方式在网络上进行传递,用户的用户名和密码也是以明码方式在网络上传递,因此,Telnet 的安全性不高,主要应用在局域网中。

Telnet 服务与 TFTP 服务相似,不能单独启动,只能随 xinetd 一起启动。启动方式为 #/etc/xinetd. d/telnet,具体配置参照 Linux 下 TFTP 服务配置。

3. Samba 服务

Samba(Server Message Block 协议,客户机/服务器协议)是一个网络服务器,用于 Linux 和 Windows 共享文件之用。Samba 既可以用于 Windows 和 Linux 之间的共享文件,也可用于 Linux 和 Linux 之间的共享文件。

在 Windows 网络中的每台机器既可以是文件共享的服务器,也可以是客户机,Samba 也一样。比如一台 Linux 的机器,如果架了 Samba Server 后,它能充当共享服务器,同时也能作为客户机来访问其他网络中的 Windows 共享文件系统,或其他 Linux 的 Samba 服务器。

Samba 服务类似于前两种服务的启动,由于 Linux 支持 X-Window 图形操作界面,因此在这里介绍一下在 X-Window 下 Samba 服务的配置过程。

(1)开启 Samba 服务

开启 smb 服务过程如图 3-7 所示。

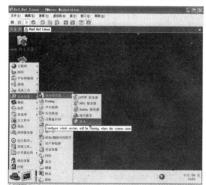 

图 3-7　开启 smb 服务

(2)设置 smb 服务

设置 smb 服务的过程如图 3-8 所示。

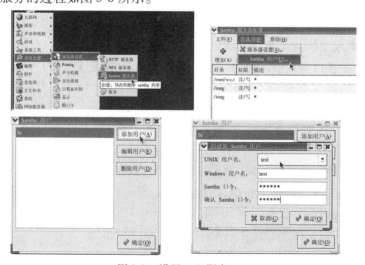

图 3-8　设置 smb 服务

在这里,添加的 UNIX 用户与 Windows 用户可以不相同,其中 Windows 用户是指 smb 共享时,Windows 访问共享文件时的用户名。口令是 Windows 访问共享文件时所需要的密匙。

(3)添加 smb 共享

添加 smb 共享的过程如图 3-9 所示。

图 3-9　添加 smb 共享

上述过程完成后,需要测试网络,确认能通信后,在 Windows 系统中单击开始菜单中的运行,输入 Linux 主机地址,如图 3-10 所示。

图 3-10　Windows 下访问 Linux 主机

单击"确定"按钮后出现如图 3-11 所示的界面,此时输入设置的用户和密码,就可以访问了。访问界面如图 3-12 所示。

4. NFS 服务

NFS 是 Network File System 的简写,即网络文件系统。网络文件系统是 Linux 支持的文件系统中的一种。NFS 允许一个系统在网络上与他人共享目录和文件。通过使用 NFS,用户和程序可以像访问本地文件一样访问远端系统上的文件。

NFS 服务最早是由 Sun 公司提出发展起来的,其目的就是让不同的机器、不同的操作系统之间通过网络可以彼此共享文件。NFS 可以让不同的主机通过网络将远端的 NFS 服

图 3-11　访问权限

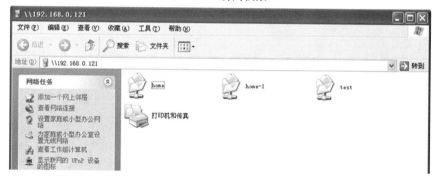

图 3-12　访问界面

务器共享出来的文件安装到自己的系统中,从客户端看来,使用 NFS 的远端文件就像是使用本地文件一样。在嵌入式中使用 NFS 会使应用程序的开发变得十分方便,并且不用反复地进行烧写映像文件。

NFS 的使用分为服务端和客户端,其中服务端是提供要共享的文件而客户端则通过挂载(mount)这一动作来实现对共享文件的访问操作。下面主要介绍 NFS 服务端的使用。在嵌入式开发中,通常 NFS 服务端在宿主机上运行,而客户端在目标板上运行。

以下是 NFS 最显而易见的好处:

●本地工作站使用更少的磁盘空间,因为通常的数据可以存放在一台机器上而且可以通过网络访问到。

●用户不必在每个网络上,因机器里头都有一个 home 目录。home 目录可以被放在 NFS 服务器上,并且在网络上处处可用。

●诸如软驱、CDROM 和 Zip & reg 之类的存储设备可以在网络上被别的机器使用。从而可以减少整个网络上的可移动介质设备的数量。

●NFS 服务还可以通过图形界面来进行设置。

下面详细介绍如何通过图形界面设置 NFS 服务。

(1)开启 NFS 服务

开启 NFS 服务的方法如图 3-13 所示。

图 3-13　X-Windows 下开启 NFS 服务

（2）配置 NFS 服务

配置 NFS 服务的过程如图 3-14 所示。

图 3-14　NFS 服务器配置

单击"确定"按钮，出现如图 3-15 所示界面。

配置完成后，可用如下办法简单测试一下 NFS 是否配置好了：在宿主机上自己 mount 自己，看是否成功，即可判断 NFS 是否配好了。

例如在宿主机/目录下执行：

mount 192.168.0.10:/arm2410s /mnt

其中 192.168.0.10 应为主机的 IP 地址。

然后到/mnt/目录下看是否可以列出/arm2410s 目录下的所有文件和目录，如能列出则可以说明 mount 成功，NFS 配置成功。

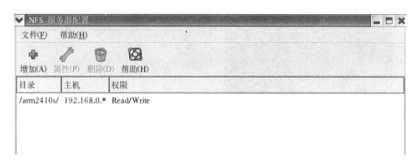

图 3-15　配置完成

知识点三　交叉编译环境建立流程

1. 准备工具链软件

构建工具链的第一个步骤就是选择 gcc,glibc 与 binutils 这些软件的版本。而版本的匹配是个大麻烦,因为这些软件的维护与发行是彼此独立的,当一个软件的所有版本与其他软件的各种版本组合在一起时,并非都能顺利完成建构。读者可以尝试使用每一个软件的最新版本,但此一组合是否可行也未可知。

如欲选择正确的版本,读者朋友必须测试某个组合是否适合自己的宿主机和目标机。如果你很幸运,能够找到一个之前测试过的组合,那是最好不过了。如果没有,那么就可以从每个套件最新的稳定版本开始测试,若构建失败,那么就需要一个接着一个地换成较旧的版本进行测试。因此,假定现在的 gcc 最新版本是 gcc4.2.2,而 gcc4.2.2 编译失败,则可以尝试 gcc 4.2.1。如果再失败,便尝试 4.2,以此类推。然而,也不能永无止境地这样下去,因为一些软件的最新版本会对其他软件提供哪些功能是预定的。因此,如果其他软件完全无法编译成功,可能回头使用这些软件的较旧版本就能编译成功。

一般情况下,用于处理二进制包的工具包 binutils 是可以独立安装的,它不需要更改,就能编译成功。

此外,有些软件的版本还需要打一些补丁,才能成功完成编译。

说明:

要寻找软件版本的补丁以及合适的软件版本组合,可以参看下面列出的一些网站:

http://www.debian.org/distrib/packages 上可以找到 Debian Linux 发行的源码包;

http://cross-lfs.org/view/1.0.0 提供的"Cross Compiled Linux From Scratch"(Linux 交叉编译从零开始)文件;

http://www.kegel.com/crosstool/crosstool-0.43/buildlogs 提供的"CrossTool build matrix"(交叉工具建构矩阵)。这里可以很容易找到针对不同架构的已经测试通过的版本组合。

每当发现到一个可以编译成功的新版本组合,务必测试其所产生的工具链确实可以使用。有些版本组合或许可以编译成功,但是使用时仍旧会失败。

经过验证,可以选用表 3-1 中的软件版本组合来构建交叉工具链。

表 3-1　软件版本组合

软件版本	下载地址
binutils-2.16.1	ftp://ftp.gnu.org
gcc-3.3.6	ftp://ftp.gnu.org
gcc-4.1.1	ftp://ftp.gnu.org
glibc-2.3.2	ftp://ftp.gnu.org
gdb-6.5	ftp://ftp.gnu.org
linux-2.6.24	http://www.kernel.org
linux-libc-headers-2.6.12.0	http://ep09.pld-linux.org/~mmazur/linux-libc-headers/
crosstool-0.43	http://kegel.com/crosstool/crosstool-0.43.tar.gz

2. 建立交叉编译工具链

在这里使用 crosstool 工具自动建立交叉编译工具链。crosstool 是一组命令脚本,可用于替 glibc 所支持的大部分架构建立与测试多个 gcc 与 glibc 版本。crosstool 甚至会替你下载源码包及相应补丁。

它最初是个命令脚本,Bill Gatliff 称为 crossgcc,后来由 Dan Kegel 修改成现在的样子。

crosstool 为工具链组件准备了一组补丁,这是建构交叉工具链组合所必需的。它支持 Alpha,ARM,i686,ia64,MIPS,PowerPC,PowerPC64,SH4,SPARC,SPARC64、s390 以及 x86_64 架构。

crosstool 具有移植性,其所构建的交叉工具链可执行在 Linux,Mac OS X,Solaris 和 Cygwin 之上,可用于构建出 Linux 二进制文件。

下面是利用 crosstool 工具自动建立交叉编译工具链的具体过程:

(1)下载工具链软件

将表 3-1 中所列的软件包从相应的站点下载下来,放在/home/2410s/source 目录下。

(2)解压 crosstool-0.4

cd /home/2410s/source　　　　　　　　//进入源码目录

tar -xvzf crosstool-0.43.tar.gz　　　　　//解压 crosstool-0.43

cd crosstool-0.43/　　　　　　　　　　//进入 crosstool-0.43 目录

(3)修改 demo-arm.sh

gedit demo-arm.sh

修改下面两个地方

第一处

TARBALLS_DIR＝/home/2410s/source

RESULT_TOP＝/home/2410s/crosstool

第二处

将文件最后"echo Done."前面一行"eval'cat arm. dat gcc-4.1.0-glibc-2.3.2- tls. dat' sh all. sh － notest"注释掉,并添加一行:"eval'cat arm. dat gcc-4.1.1-glibc- 2.3.2. dat'sh all. sh － notest"。

#eval'cat arm. dat gcc-4.1.0-glibc-2.3.2-tls. dat'sh all. sh ——notest

eval'cat arm. dat gcc-4.1.1-glibc-2.3.2. dat'sh all. sh ——notest

echo Done.

(4)编辑 gcc-4.1.1-glibc-2.3.2. dat

打开 crosstool-0.43 目录下 gcc-4.1.1-glibc-2.3.2. dat 文件。

gedit gcc-4.1.1-glibc-2.3.2. dat

在该文件中写入如下内容(将原来的内容覆盖):

BINUTILS_DIR＝binutils-2.16.1

GCC_CORE_DIR＝gcc-3.3.6

GCC_DIR＝gcc-4.1.1

GLIBC_DIR＝glibc-2.3.2

LINUX_DIR＝linux-2.6.24

LINUX_SANITIZED_HEADER_DIR＝linux-libc-headers-2.6.12.0

GLIBCTHREADS_FILENAME＝glibc-linuxthreads-2.3.2

GDB_DIR＝gdb-6.5

(5)编辑 arm. dat

gedit arm. dat

在该文件中写入如下内容(将原来的内容覆盖):

KERNELCONFIG＝'pwd'/arm. config

TARGET＝arm-linux

TARGET_CFLAGS＝"-O"

(6)修改 all. sh

将下面几行注释掉,便可以以 root 身份编译。

case x $USER in x root

abort "Don't run all. sh or crosstool. sh as root, it's dangerous";;

*);;

esac

(7)修改 glibc-2.3.2/csu 目录下的 Makefile

解压 source 目录下的 glibc-2.3.2. tar. bz2,打开 glibc-2.3.2/csu 目录下的 Makefile,修改文件末尾两处 echo。命令如下:

```
cd /home/2410s/source
tar -xvjf glibc-2.3.2.tar.bz2
cd    glibc-2.3.2/csu
gedit Makefile
```

第一处

```
echo "\"Compiled on a $$os $$version system" \
"on 'date +% Y-% m-% d'.\\\\"" ;; \
```

改为：

```
echo "\"Compiled on a $$os $$version system" \
"on 'date +% Y-% m-% d'.\\\ n\"" ;; \
```

第二处

```
echo "\"Available extensions:\\n\""; \
```

改为：

```
echo "\"Available extensions:\\\ n\""; \
```

将 glibc-2.3.2 重新压缩为 glibc-2.3.2.tar.bz2,覆盖 source 目录下原来的 glibc-2.3.2.tar.bz2。命令如下：

```
cd /home/2410s/source
rm glibc-2.3.2.tar.bz2
tar -cvzf glibc-2.3.2.tar.bz2 glibc-2.3.2
```

(8)修改宿主机 gcc 版本为 gcc-3.4

由于宿主机上的 gcc 版本在系统更新完以后安装的是当前的最新版本,编译时有可能会报错,现将其换成 gcc-3.4。命令如下：

```
sudo apt-get install gcc-3.4
cd /usr/bin
sudo rm gcc
sudo ln -s gcc-3.4 gcc
```

(9)执行 demo-arm.sh

以 root 用户的权限进行编译,避免编译过程因为一些文件的读、写、执行权限问题而终止。命令如下：

```
sudo su
cd /home/2410s/source/crosstool-0.43/
./demo-arm.sh
```

如果执行过程中没有错误,那么说明交叉编译工具链建立成功。

【练一练】

使用交叉编译工具链,要求如下：

在/arm2410s 目录下新建 hello 目录,在 Windows 系统上利用编辑器编写 hello.c 程序：

```
#include <stdio.h>
```

```
main( )
{
printf("hello world \n");
}
```

通过 smb 服务将 hello. c 共享至/arm2410s/hello 中,并用角差编译工具年中的交叉编译器 armv4l-unknown-linux-gcc 编译 hello. c 程序。

进入 minicom 中建立开发板与宿主 PC 机之间的通信,将宿主 PC 机的 NFS 共享目录挂载到开发板上的/host 目录。成功挂接宿主机的 arm2410s 目录后,在开发板上进入/host 目录便相应进入宿主机的/arm2410s 目录,运行程序察看结果。

任务二　Flash 程序烧写

【任务目的】

1. 理解嵌入式 Linux 系统的组成。
2. 掌握 Flash 的烧写流程。

【任务要求】

通过 UP-NetARM2410-S 实验平台,烧写 2410-S Linux 操作系统,包括建立根文件系统,建立应用程序的 Flash 分区烧写 vivi,kernel,root 以及 yaffs. tar。

【任务分析】

烧写过程在 Windows XP 下进行,需要的文件在光盘中的 Linux\img 目录和 flashvivi 目录下提供。具体内容如下:

①BootLoader——vivi,即 Linux 操作系统启动的 bootloader,烧写使用 JTAG 仿真器,通过并口。

②Linux 操作系统内核——zImage,烧写利用 vivi 的下载模式,通过网口或串口。

③根文件系统—— root. cramfs,烧写利用 vivi 的下载模式,通过网口。

④应用程序—— yaffs. tar,通过网口烧写。

【任务实施】

1. 安装 JTAG 驱动程序

①把并口线插到 PC 机的并口,并把并口与 JTAG 相连,JTAG 与开发板的 14 针 JTAT 口相连,打开 2410-S。

②把整个 GIVEIO 目录(在 flashvivi 目录下)拷贝到 C:/WINDOWS 下,并把该目录下的 giveio. sys 文件拷贝到 C:/WINDOWS/system32/drivers 下。

③在控制面板里,选择"添加硬件", 安装 JTAG 驱动程序过程如图 3-16 所示。

（a）

（b）

（c）

（d）

（e）

（f）

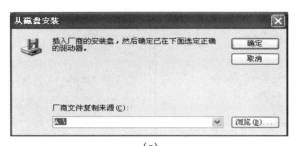

(g)

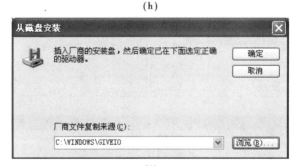

(h)

(i)

(j)

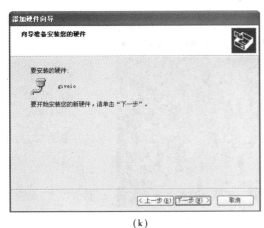
（k）

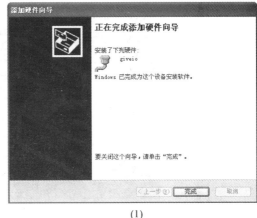
（1）

图 3-16　安装 JTAG 驱动程序过程

2. 烧写引导程序 vivi

①在 D 盘新建一目录 bootloader，把 sjf2410-s（在 flashvivi 目录下）和要烧写的 vivi 拷贝到该目录下。

②选择"开始菜单"→"程序"→"附件"→"命令提示符"，进入 DOS。

③在 DOS 下进入 bootloader 目录，运行 sjf2410-s 命令如下：sjf2410-s /f:vivi，如图 3-17 所示。

图 3-17　烧写配置

在此后出现的 3 次要求输入参数，第一次是让选择 Flash，选 0，然后回车；第二次是选择 jtag 对 Flash 的两种功能，也选 0，然后回车；第三次是让选择起始地址，选 0，然后回车，等待 3～5 min 的烧写时间，如图 3-18 所示。

当 vivi 烧写完毕后选择参数 2，退出烧写，如图 3-19 所示。

烧写后关闭 2410-S，拔掉 JTAG 与开发板的连线。

图 3-18　配置中的参数选择

3. 烧写内核 zImage

内核的烧写就是将内核编译得到的 zImage 映像文件烧写到开发板的 Flash 存储器的

kernel 分区,内核的烧写要利用 vivi 程序的下载模式,使用 vivi 下载命令 load 进行烧写。

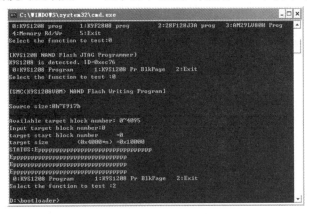

图 3-19　退出烧写

其具体步骤如下:

①用网口线连接 PC 和 2410-S;

②打开超级终端,先按住 PC 机"Back Space"键,启动 2410-S,进入"vivi >"状态下,设置开发板 IP(其 IP 要与服务器 IP 在同一网段,内核启动后将失效),其命令为:

set c 192. 168. 0. 115

如图 3-20 所示。

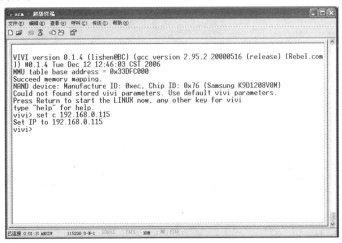

图 3-20　下位机启动 vivi

③设置 TFTP 服务器 IP(启动 TFTP 服务器的主机),其命令为:set s 192. 168. 0. 82,如图 3-21 所示。

④Windows 平台下 TFTP 服务的配置如下: 在 D 盘下新建一个 tftpd32 目录,将随机附带光盘中"linux\img"目录下的 tftpd32. exe 文件拷贝到 Windows 的"D:\tftpd32"目录下,并新建文件夹 tftp32,将光盘中"\img"目录下文件复制到该目录下。

双击"D:\tftpd32"目录下的 tftpd32. exe 文件,对 Windows 下的 TFTP 服务进行配置,

如图 3-22 所示。

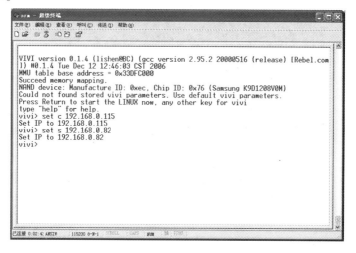

图 3-21　启动 TFTP 服务器

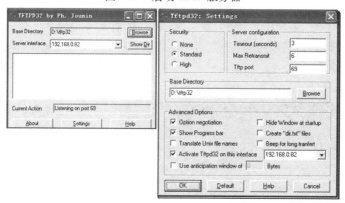

图 3-22　Windows 配置 TFTP 服务

在 vivi 状态下,输入烧写内核的命令为:

tftp flash kernel zImage

图 3-23　烧写内核

等待后,烧写完成。

4.烧写根文件系统

在 vivi 状态下,输入烧写根文件的命令为:tftp flash root　root. cramfs,如图 3-24 所示。

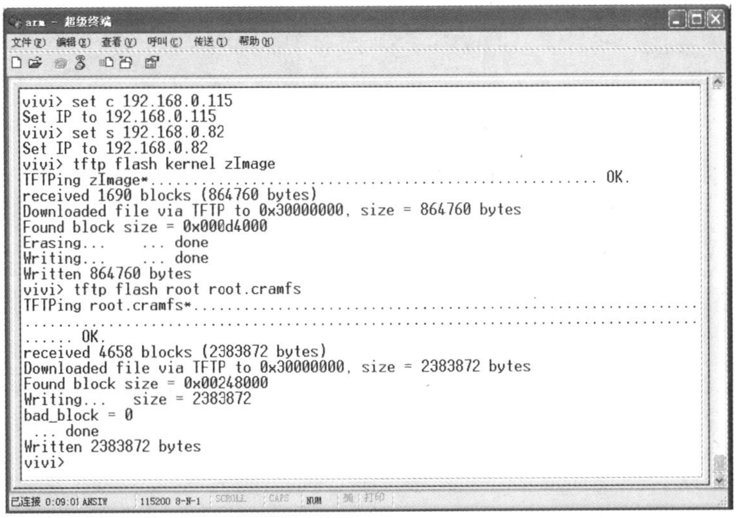

图 3-24　烧写根文件

说明:网络环境不差的话几秒种应该可以烧完。

5.烧写应用程序

应用程序比较大(20 多 MB),可通过网口进行烧写,这里使用 Flash FXP 来传输文件。

①重启开发板,进入[/mnt/yaffs]下,用 ifconfig 命令设置开发板的 IP 地址同 PC 机的 IP 地址在同一网段上,如图 3-25 所示。

图 3-25　设置开发板的 IP

②打开 ftp 软件(在光盘中 flashvivi 目录中提供),192.168.0.115,用户名:root,密码:无,连接进入 ftp,密码无,单击"OK"按钮,如图 3-26 所示。

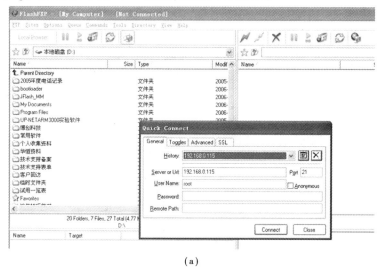

(a)

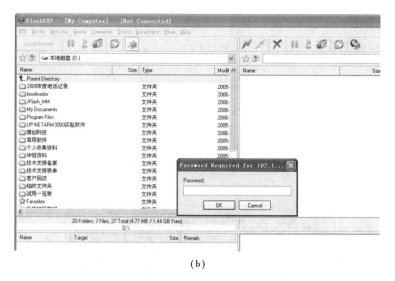

(b)

图 3-26　进入 ftp

选择要上传的"yaffs. tar"文件,并上传"yaffs. tar"到 2410-S 的/var 下,3 min 左右上传完毕,如图 3-27 所示。

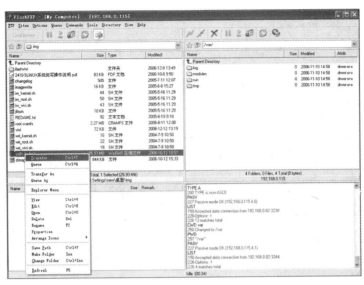

(a)

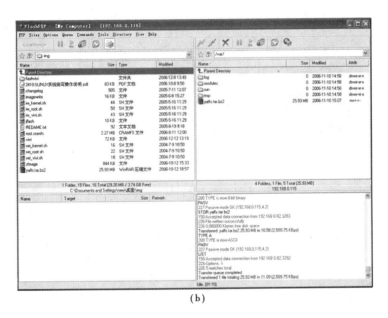

(b)

图 3-27　上传"yaffs. tar"文件

这时千万不要重启 2410-S,然后转换到 var 文件夹下进行解压,其命令为:

tar xjvf yaffs-2410s-1.0. tar -C /mnt/yaffs

解压 yaffs-2410s-1.0. tar 到/mnt/yaffs 目录下,需 3 min 左右,如图 3-28 所示。

图 3-28　解压"yaffs. tar"文件

解压完成后,查看/mnt/yaffs 目录下的内容,如图 3-29 所示。

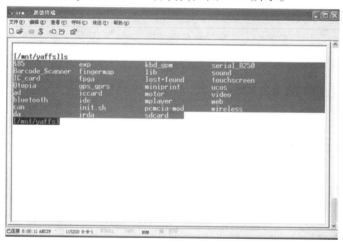

图 3-29　/mnt/yaffs 目录内容

【任务小结】

通过 Flash 烧写的流程,使读者了解嵌入式 Linux 根文件系统的构建及文件系统组成。同时,使读者掌握 Flash 烧写操作流程。了解嵌入式系统开发流程。

开发流程为:

①建立宿主机开发环境;

②配置宿主机;

③建立引导装载程序 BootLoader;

④下载别人已经移植好的 Linux 操作系统;

⑤建立根文件系统；

⑥建立应用程序的 Flash 分区；

⑦开发应用程序；

⑧烧写内核、根文件系统、应用程序；

⑨发布产品。

【知识点梳理】

知识点一　嵌入式 Linux 文件系统

为了规范 Linux 的文件系统，促进 Linux 快速发展，Linux 的开发者出台了所谓的文件系统层次标准（Filesystem Hierarchy Standard，FHS），它规范了在根目录"/"下面各个主要的目录应该放置什么样的文件，如图 3-30 所示。

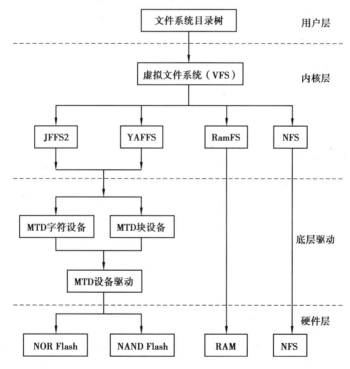

图 3-30　嵌入式 Linux 文件系统结构

FHS 定义了两层规范，第一层是"/"下面的各个目录应该要放什么文件数据，例如 /etc 应该要放置配置文件，/bin 与 /sbin 则应该要放置可执行文件等。第二层则是针对 /usr 及 /var 这两个目录的子目录来定义。例如 /var/log 放置系统登录文件、/usr/share 放置共享数据等。

在根文件系统的最顶层目录中，每一个目录都有其具体的目的和用途，嵌入式 Linux 是标准 Linux 的裁剪，可以根据不同的用途对 FHS 进行必要的裁剪。

小提示：

Linux 启动时，第一个必须挂载的是根文件系统，可以自动或手动挂载其他的文件系统。一个系统中可以同时存在不同的文件系统。在嵌入式 Linux 应用中，主要的存储设备是 RAM(DRAM,SDRAM)和 ROM(Flash)，常用的基于存储设备的文件系统类型包括：JFFS2,YAFFS,Cramfs,Ramdisk,Ramfs/Tmpfs。

1. 基于 Flash 的文件系统

Flash 的文件系统都是基于 MTD(Memory Technology Device,存储技术设备)。驱动层的 MTD 提供了一系列的标准函数，将硬件驱动设计和系统程序设计分开，硬件驱动设计人员不用了解存储设备的组织方法，只需提供标准的函数调用，如读、写等。

MTD 是专门针对各种非易失性存储器(以闪存为主)设计的，一块 Flash 芯片可分成多个分区，各分区可采用不同的文件系统；两块 Flash 芯片也可以合并为一个分区使用，采用一个文件系统——文件系统是针对存储器分区而言的，并非存储芯片。

(1)JFFS2

JFFS 文件系统最早是由瑞典 Axis Communications 公司基于 Linux 2.0 的内核为嵌入式系统开发的文件系统，JFFS2 是 Red Hat 公司基于 JFFS 开发的闪存文件系统，最初是针对 Red Hat 公司的嵌入式产品 eCos 开发的嵌入式文件系统，所以 JFFS2 也可以用于Linux 中。

JFFS2 的全称是"日志闪存文件系统第 2 版本(Journalling Flash FileSystem v2)"，主要用于 NOR 型闪存，基于 MTD 驱动层。

其特点可概括为：可读写的、支持数据压缩的、基于哈希表的日志型文件系统，并提供了崩溃/掉电安全保护，提供"写平衡"支持等。

主要缺点是当文件系统已满或接近满时，因为垃圾收集的关系而使 JFSS2 的运行速度大大降低。

JFFS2 不适合用于 NAND 闪存。原因如下：

NAND Flash 的容量较大，导致 JFFS 为维护日志节点所占用的内存空间迅速增大。JFFS 文件系统在挂载时需要扫描整个 Flash 的内容，以找出所有的日志节点，建立文件结构，对于 NAND Flash 会耗费大量的时间。

(2)YAFFS

YAFFS/YAFFS2 是专为嵌入式系统使用 NAND 型闪存而设计的一种日志型文件系统。与 JFFS2 相比，它减少了一些功能(例如不支持数据压缩)，所以速度更快，挂载时间更短，对内存的占用较小。

它是一个跨平台的文件系统，除了支持 Linux 和 eCos，还支持 WinCE、pSOS 和 ThreadX 等。YAFFS/YAFFS2 自带 NAND 芯片的驱动，并且为嵌入式系统提供了直接访问文件系统的 API，用户可以不使用 Linux 中的 MTD 与 VFS，直接对文件系统操作。

说明：

YAFFS 与 YAFFS2 的主要区别：前者只支持小页(512 B)NAND Flash，后者可支持大页(2 kB)NAND Flash,YAFFS2 在内存空间占用、垃圾回收速度、读/写速度等方面具有大幅提升。

(3)cramfs(Compressed ROM File System)

cramfs 是一种只读的压缩文件系统,它也基于 MTD 驱动程序。在 cramfs 文件系统中,每一页(4 kB)被单独压缩,可以随机页访问,其压缩比高达 2∶1,为嵌入式系统节省大量的 Flash 存储空间,从而降低系统成本。

cramfs 文件系统以压缩方式存储,在运行时解压缩。另外,它的速度快,效率高,其只读的特点有利于保护文件系统免受破坏,提高了系统的可靠性。

2.基于 RAM 的文件系统

(1)RamDisk

RamDisk 是将一部分固定大小的内存当做分区来使用。它并非一个实际的文件系统,而是一种将实际的文件系统装入内存的机制,并且可以作为根文件系统。

将一些经常被访问而又不会更改的文件(如只读的根文件系统)通过 RamDisk 放在内存中,可以明显地提高系统的性能。

(2)ramfs/tmpfs

ramfs/tmpfs 文件系统把所有的文件都放在 RAM 中,所以读/写操作发生在 RAM 中,可以用 ramfs/tmpfs 来存储一些临时性或经常要修改的数据,例如/tmp 和/var 目录,这样既避免了对 Flash 存储器的读写损耗,也提高了数据读写速度。tmpfs 的一个缺点是当系统重新引导时会丢失所有数据。

说明:

ramfs/tmpfs 与 RamDisk 的区别:不能格式化,文件系统大小可随所含文件内容大小变化。

(3)网络文件系统 NFS

NFS(Network File System)是一项在不同机器、不同操作系统之间通过网络共享文件的技术。

通过 NFS 可以让计算机通过网络将 NFS 服务器共享出来的文件安装到自己的系统中。

在嵌入式 Linux 应用系统的开发调试阶段,利用该技术在主机上建立基于 NFS 的文件系统,挂载到嵌入式设备,可以很方便地修改和调试应用系统的内容。

知识点二　BootLoader

1.基本概念

一个嵌入式 Linux 系统从软件的角度看,可以分为 4 个层次:

- 引导加载程序(BootLoader)

- Linux 内核
- 根文件系统
- 用户应用程序

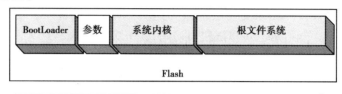

从低地址到高地址方向

图 3-31　嵌入式 Linux 系统逻辑结构

BootLoader 就是在操作系统内核运行之前运行的一段小程序。

通过这段小程序,可以初始化硬件设备、建立内存空间的映射图,从而将系统的软硬件环境带到一个合适的状态,以便为最终调用操作系统内核准备好正确的环境。

BootLoader 是引导加载程序,是系统加电后运行的第一段软件代码。PC 机中的引导加载程序由 BIOS(其本质就是一段固件程序)和位于硬盘 MBR 中的 OS BootLoader(比如,LILO 和 GRUB 等)一起组成。BIOS 在完成硬件检测和资源分配后,将硬盘 MBR 中的 BootLoader 读到系统的 RAM 中,然后将控制权交给 OS BootLoader。BootLoader 的主要运行任务就是将内核映像从硬盘上读到 RAM 中,然后跳转到内核的入口点去运行,即开始启动操作系统。而在嵌入式系统中,通常并没有像 BIOS 那样的固件程序(有的嵌入式 CPU 也会内嵌一段短小的启动程序),因此整个系统的加载启动任务就完全由 BootLoader 来完成。比如,在一个基于 ARM7TDMI Core 的嵌入式系统中,系统在上电或复位时通常都从地址 0x00000000 处开始执行,而在这个地址处安排的通常就是系统的 BootLoader 程序。BootLoader 代码是芯片复位后进入操作系统之前执行的一段代码,主要用于完成由硬件启动到操作系统启动的过渡,从而为操作系统提供基本的运行环境,如初始化 CPU、堆栈、存储器系统等。

BootLoader 代码与 CPU 芯片的内核结构、具体型号、应用系统的配置及使用的操作系统等因素有关,其功能类似于 PC 机的 BIOS 程序。由于 BootLoader 和 CPU 及电路板的配置情况有关,因此不可能有通用的 BootLoader,开发时需要用户根据具体情况进行移植。

Linux 系统是通过 BootLoader 引导启动的。一上电,就要执行 BootLoader 来初始化系统。系统加电或复位后,所有 CPU 都会从某个地址开始执行,这是由处理器设计决定的。比如,X86 的复位向量在高地址端,而 ARM 处理器在复位时从地址 0x00000000 取第一条指令。嵌入式系统的开发板都要把板上 ROM 或 Flash 映射到这个地址。因此,必须把 BootLoader 程序存储在相应的 Flash 位置。这样系统加电后,CPU 将首先执行它。

(1)BootLoader 的功能

硬件设备初始化(CPU 的主频、SDRAM、中断、串口等)。

内核启动参数。

启动内核。

与主机进行交互,从串口、USB 口或者网络口下载映象文件,并可以对 Flash 等存储设备进行管理。

(2)BootLoader 特点

依赖于硬件:每种不同的 CPU 体系结构都有不同的 BootLoader。

BootLoader 还依靠具体的嵌入式板级设备的配置。

系统加电或复位后,所有的处理器通常都从某个预先安排的地址上取指令。比如,ARM 在复位时从地址 0x0 取指。

嵌入式系统中通常都有某种类的固态存储设备(ROM,EEPROM 或 Flash 等)被映射到这个预先安排的地址上。因此在系统加电后,处理器将首先执行 BootLoader 程序。

BootLoader 是最先被系统执行的程序。

(3)BootLoader 的操作模式

大多数 BootLoader 都包含两种不同的操作模式:

● 启动加载模式

启动加载模式即"自主(Autonomous)"模式,BootLoader 从目标机上的某个固态存储设备上将操作系统加载到 RAM 中运行,整个过程并没有用户的介入。

这种模式是 BootLoader 的正常工作模式,因此在嵌入式产品发布的时候,BootLoader 显然必须工作在这种模式下。

这种模式是面向用户的,用户无法干预它的运行。

● 下载模式

在下载模式下,目标机上的 BootLoader 将通过串口连接或网络连接等通信手段从主机下载文件,如下载内核映像和根文件系统映像等。从主机下载的文件通常首先被 BootLoader 保存到目标机的 RAM 中,然后再被 BootLoader 写到目标机上的 Flash 类固态存储设备中。这种模式通常在第一次安装内核与根文件系统时被使用;以后的系统更新也会使用 BootLoader 的这种工作模式。

工作于这种模式下的 BootLoader 通常都会向它的终端用户提供一个简单的命令行接口。

二者的区别只对开发人员有意义,从最终用户的角度看,BootLoader 的作用就是用来加载操作系统,而并不存在所谓的启动加载模式与下载工作模式的区别。

注意:

像 Blob 或 U-Boot 等功能强大的 BootLoader 通常同时支持这两种工作模式,而且允许用户在这两种工作模式之间进行切换。

(4)BootLoader 与主机之间的通信设备及协议

● 串口

目标机上的 BootLoader 通过串口与主机之间进行文件传输,传输协议通常是 xmodem、ymodem、zmodem 协议中的一种。串口方式是最常见的。

● 以太网口

通过以太网口连接并借助 TFTP 协议来下载文件是个更好的选择。

（5）BootLoader 的典型结构框架（启动流程）

大多数 BootLoader 都分为两大部分。

• stage1

依赖于处理器体系结构和板级和初始化的代码，通常都放在 stage1 中，用汇编语言实现。主要功能如下：

硬件设备初始化；

屏蔽所有的中断、设置 CPU 的速度和时钟频率、RAM 初始化、初始化 LED、关闭 CPU 内部指令/数据 cache；

为加载 BootLoader 的 stage2 准备 RAM 空间；

拷贝 BootLoader 的 stage2 到 RAM 空间中；

stage2 的可执行映像在固态存储设备的存放起始地址和终止地址；

RAM 空间的起始地址；

设置好堆栈；

设置堆栈指针 SP，为执行 C 语言代码做好准备；

跳转到 stage2 的 C 入口点。

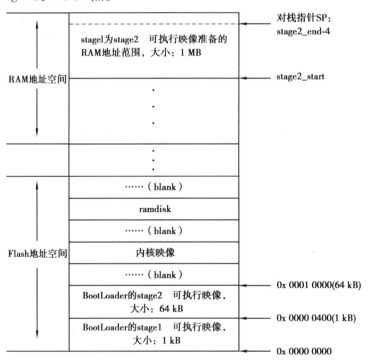

图 3-32　BootLoader 典型结构框架

• stage2

通常用 C 语言来实现，这样可以实现更复杂的功能，而且代码会具有更好的可读性和可移植性。主要功能如下：

初始化本阶段要使用到的硬件设备；

初始化串口、计时器等;

检测系统内存映射(Memory Map);

内存映射指在整个内存物理地址空间中指出哪些地址范围被分配用来寻址系统的 RAM 单元;

将 kernel 映像和根文件系统映像从 Flash 上读到 RAM 空间中;

为内核设置启动参数;

调用内核。

注意:

在编译和链接 BootLoader 时,不能使用 glibc 库中的任何函数。

2.几种流行的 Linux BootLoader

(1)U-Boot

U-Boot 是 sourceforge 网站上的一个开放源代码的项目。它可对 powerpc,MPC5xx, MPC8xx,MPC82xx,MPC7xx,MPC74xx,ARM(ARM7,ARM9,StrongARM,Xscale),MIPS,X86 等处理器提供支持,支持的嵌入式操作系统有 Linux,Vx-work,NetBSD,QNX,RTEMS,AR-TOS,LynxOS 等,主要用来开发嵌入式系统初始化代码 BootLoader。

U-Boot 软件主站点的地址是 http://sourceforge.net/projects/u-boot。U-Boot 最初是由 PPCboot 发展而来的,它对 PowerPC 系列处理器的支持最完善,对 Linux 操作系统的支持最好。源代码开放的 U-Boot 软件项目经常更新,是学习硬件底层代码开发的很好样例。目前已成为 Armboot 和 PPCboot 的替代品。

U-Boot 的开发目标是要支持尽可能多的微处理器和嵌入式操作系统。

支持的嵌入式操作系统内核有:Linux;VxWorks;QNX;NetBSD 等多种。

支持的微处理器有:PowerPC;ARM;X86;MIPS;XScale 等多种。

目前,U-Boot 对 PowerPC 嵌入式微处理器和 Linux 操作系统的支持最为完善。

(2)BLOB

BLOB 是 BootLoader Object 的缩写,是一款功能强大的 BootLoader。

BLOB 最初是由 Jan-Derk Bakker 和 Erik Mouw 两人为一块名叫 LART(Linux Advanced Radio Terminal)的开发板写的,该板使用的处理器是 StrongARM SA-1100。现在 BLOB 已经被成功地移植到许多基于 ARM 的 CPU 上了。

(3)RedBoot

RedBoot 是一个专门为嵌入式系统定制的引导启动工具,最初由 RedHat 开发,它基于 ECOS(Embedded Configurable Operating System)的硬件抽象层,同时它继承了 ECOS 的高可靠性、简洁性、可配置性和可移植性等特点。

RedBoot 的特点如下:

RedBoot 集 BootLoader、调试、Flash 烧写于一体,支持串口、网络下载,执行嵌入式应用程序。

RedBoot 支持下载和调试应用程序。

RedBoot 支持用 GDB 通过串口或网卡调试嵌入式程序。

RedBoot 动态配置启动的各种参数、启动脚本,能自动从 Flash 或 TFTP 服务器上下载应用程序执行。

（4）vivi

vivi 是韩国的 mizi 公司专门针对 ARM9 处理器设计的一款 BootLoader。它的特点是操作简便,同时提供了完备的命令体系,目前在三星系列的 ARM9 处理器上 vivi 也比较流行。与 U-Boot 相比,由于 vivi 支持的处理器单一,vivi 的代码也要小很多。同时,vivi 的软件架构和配置方法采用和 Linux 内核类似的风格,对于有过配置编译 Linux 内核经验的读者,vivi 更容易上手。

vivi 的两种工作模式:

● 启动加载模式（默认模式）

可以在一段时间后（时间可更改）自行启动 Linux 内核。

● 下载模式

提供了一个命令行接口,通过此接口可以使用 vivi 提供的一些命令,见表 3-2。

表 3-2　vivi 相关命令

命　令	功　能
load	把二进制文件载入 Flash 或 RAM
part	操作 MTD 分区信息
param	设置参数
boot	启动系统
flash	管理 Flash

知识点三　ARM-Linux 内核

1. 内存管理

（1）内存管理单元 MMU

存储管理是一个很大的范畴,包括:

● 地址映射

● 内存空间分配

● 地址访问的限制

● 代码段、数据段、堆栈段的分配

存储管理机制的实现和具体的 CPU 以及内存管理单元 MMU 的结构关系非常紧密,操作系统内核的复杂性相当程度上来自内存管理,对整个系统的结构有着根本性的深远影响。

内存管理单元 MMU（Memory Management Unit）的主要作用有（由寄存器实现）：

实现地址映射；

实现对地址访问的保护和限制。

MMU 可以做在芯片中，也可以作为协处理器（就是在传统的单芯片 CPU 基础上，集成其他的硬件单元）。

（2）ARM-Linux 的存储管理机制

内存管理机制的两种模式，按段进行管理，段的大小为 1 MB；按照两层的页式管理方式管理，页的大小可以为 64 kB（大页面）或 4 kB（小页面）。

● 按段管理

虚拟地址和物理地址的映射关系保存在段映射表中，映射表中可有 4 096 个表项，每个表项 4 B，存放虚拟地址的物理段地址及对该地址的访问权限等。

当 CPU 进行数据处理要访问内存的内容时，其 32 位虚拟地址的高 12 位用作访问段映射表的下标，从表中找到相应的表项，每个表项提供一个 12 位的物理段地址，以及对这个段的访问许可标志，将这 12 位物理段地址和虚拟地址中的低 20 位拼接在一起，就得到了 32 位的物理地址。

● 两层页面管理

映射表有两层：第一层页面映射表中保存的是第二层映射表的地址，其中每一项有两位标志位，用来表示该表项的作用。具体形式如下：

00 表示没有到物理地址的映射；

01 表示指向粗页面表，即页面大小是 64 kB 或 4 kB 的二层页表；

10 表示段映射；

11 表示指向细页面，即页面大小是 1 kB 的二层页表。

第二层映射表存放的才是该页面所在的物理页面的地址，当 CPU 进行数据处理要访问内存的内容时，映射的过程如下：

以 32 位虚地址的高 12 位（bit20 ~ bit31）作为访问首层映射表的下标，从表中找到相应的表项，每个表项指向一个二层映射表。

以虚拟地址中的次 8 位（bit12 ~ bit19）作为访问所得二层映射表的下标，进一步从相应表项中取得 20 位的物理页面地址。

最后，将 20 位的物理页面地址和虚拟地址中的最低 12 位拼接在一起，就得到了 32 位的物理地址。

（3）ARM-Linux 存储机制的建立

ARM 微处理器 32 位地址，支持的虚拟地址为 4 GB，划分成两部分：

● 内核空间（高端的 1 GB，内核态进程）

● 用户空间（低端的 3 GB，用户态进程）

ARM-Linux 内核的存储管理机制采用页面映射的方式，采用三层映射模型，在 ARM-

Linux 代码中,页面的大小 4 kB,段区大小 1 MB。

(4)ARM-Linux 对进程虚拟空间的管理

Linux 使用页调度技术把那些进程需要访问的虚拟内存装入物理内存中,其他的都放在进程的虚拟内存中。

当进程访问代码或数据时,如果要访问的内容不在物理内存中,系统硬件会产生页面错误,同时将控制权转交给 Linux 内核,以便处理因页面错误而引起的一系列操作。

Linux 的虚拟内存实现需要各种机制的支持,比如地址映射机制、内存分配回收机制、缓存和刷新机制、请求页机制、页面交换机制和页面共享机制。

内存管理程序会先通过映射机制把用户程序的逻辑地址映射到物理地址,在用户程序运行时如果发现程序中要用的虚拟地址没有对应的物理地址,也就是说页面不在物理内存中,就会发出页请求;如果有空闲的内存可供分配,就请求分配内存,并把正在使用的物理页记录在页缓存中;如果没有足够的内存分配,就调用交换机制,腾出一部分内存。当进程请求分配虚拟内存时,Linux 并不直接分配物理内存。它只是创建一个数据结构来描述该虚拟内存,该结构被连接到进程的虚拟内存链表中。当进程试图对新分配的虚拟内存进行写操作时,因为内容不在物理内存中,所以系统将产生页面错误。然后,处理器会尝试解析该虚拟地址,如果找不到与该虚拟地址对应的页表入口,处理器将放弃解析并产生页面错误,并交给 Linux 内核来处理。Linux 则查看此虚拟地址是否在当前进程的虚拟地址空间中,如果在 Linux 会为此进程分配物理页面。

2. Linux 的模块机制

(1)Linux 模块概述

Linux 中的可加载模块(Module)是 Linux 内核支持的动态可加载模块,它们是内核的一部分(通常是设备驱动程序),但是并没有编译到内核中。

模块可以单独编译成目标代码,以“.o”的形式存在。它可以根据需要在系统启动后动态加载到系统内核之中。当模块不再被需要时,可以动态地卸载出系统内核。

Linux 中大多数设备驱动程序或文件系统都以模块形式存在。

超级用户可以通过 insmod 和 rmmod 命令显式地将模块载入内核或从内核中卸载。内核也可以在需要时,请求内核守护进程(kerneld)装载和卸载模块。

由于模块技术使内核更加模块化,因而成为一种增加内容到内核的较好方式,许多常用的设备驱动程序就做成模块。

• 模块化的特点

通过动态地将代码载入内核,可以减小内核代码的规模,使内核配置更加灵活。如果在调试新内核代码时采用模块技术,用户不必每次修改后都重新编译内核和启动系统。

但是应用模块技术会对系统的性能和内存有一定的影响。模块采用了一些额外的代码和数据结构,它们占用了一部分内存。用户进程通过模块对内和资源进行的访问是间接的,降低了内核资源的访问效率。

Linux Module 载入内核后,它就成为内核代码的一部分。它与其他内核代码的地位是相同的,模块的代码错误会导致系统崩溃。

● 与 Module 相关的重要命令

lsmod 把现在 kernel 中已经安装的 Modules 列出来。

insmod 把某个 module 安装到 kernel 中。

rmmod 把某个没在用的 Module 从 kernel 中卸载。

depmod 制造 module dependency file,以告诉将来的 insmod 要去哪儿找 modules 来安装。

(2)Module 的使用

● Module 的装入

Module 的装入有两种方法:

①通过 insmod 命令手工将 module 载入内核。

②根据需要载入 Module(demand loaded module):当内核发现需要某个模块时,内核请求守护进程(kerneld)载入该模块(守护进程是一个拥有超级用户权限的一般用户进程,主要工作是装入和卸载模块,它并非亲自做这些工作,而是调用相应的程序来完成,它只是一个内核代理,自动安排调度各项工作)。

● Module 的卸载

卸载 Module 有两种方法:

①用户使用 rmmod 命令卸载 Module。

②kerneld 自动卸载:kerneld 根据需要载入模块,当它们不再被需要时,kerneld 才会将其自动卸载。

注意:

当内核的某一部分在使用某个模块时,该模块是不能被卸载的。

知识点四 内核裁剪和编译

编译嵌入式 Linux 内核通过 Make 的不同命令实现,它的配置执行文件是 Makefile。Linux 内核中不同的目录结构里都有相应的 Makefile,而不同的 Makefile 又通过彼此之间的依赖关系构成一个统一的整体,共同完成建立依存关系、建立内核等功能。

编译内核具体要做的事情是内核配置、建立依存关系及建立内核。

1. 内核裁剪配置

(1)确定处理器类型

ARM 系统文件的根目录中的 Makefile 里为 ARCH 设定目标板微处理器的类型值:

ARCH: = arm

（2）确定配置方法

make config：基于文本的最为传统的配置界面，不推荐使用。

make menuconfig：基于文本选项的配置界面，字符终端下推荐使用。

make xconfig：基于图形窗口模式的配置界面，X-Window 下推荐使用。

make oldconfig：自动读入. config 配置文件，并且只要求用户设定前次没有设定过的选项。

（3）裁剪和配置步骤

进入所下载的内核目录

［root@ BC root］#cd /arm2410s/kernel-2410s

执行 make menuconfig 命令，出现如图 3-33 所示配置界面。

［root@ BC kernel-2410s］#make menuconfig

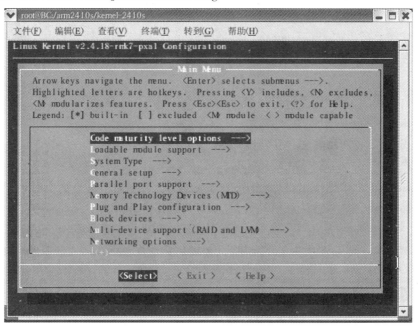

图 3-33   menuconfig 配置界面

说明：

①在 menuconfig 的配置界面中是纯键盘的操作，用户可使用方向键和 Tab 键移动光标以进入相关子项；

②带有"→"的表示该选项包含子选项；

③每个选项前面有［ ］或＜ ＞，［ ］表示仅有两种选择(＊或空)，＜ ＞表示有 3 种选择(M、＊或空)，按空格键可切换这几种选择；

④M 表示以模块方式编译进内核，在内核启动后，需要手工执行 insmod 命令才能使用该项驱动；＊表示直接编译进内核；空表示不编译进内核。

"System Type→"子项的界面如图 3-34 所示。

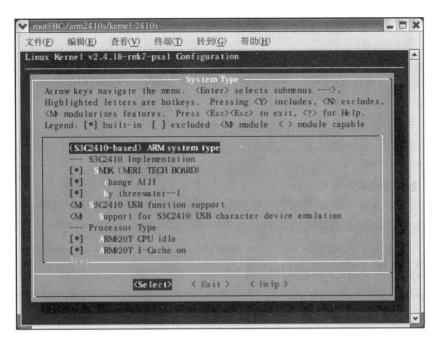

图 3-34　"System Type→"子项的界面

2.内核编译

配置编译选项:

[root@ BC Kernel-2410s]#　make menuconfig

生成变量依赖关系信息:

[root@ BC Kernel-2410s]#　make dep

删除生成的模块和目标文件:

[root@ BC Kernel-2410s]#　make clean

编译内核生成影像:

[root@ BC Kernel-2410s]#　make zImage

编译模块:

[root@ BC Kernel-2410s]#　make modules

安装编译完成的模块:

[root@ BC Kernel-2410s]#　make modules_install

压缩内核影像所在路径:

arch/arm/boot/zImage

3. vmlinuz 与 vmlinux

vmlinuz 是可引导的、压缩的、可执行的内核。

zImage 解压缩内核到低端内存(第一个 640 kB),bzImage 解压缩内核到高端内存(1 MB 以上)。如果内核比较小,那么可以采用 zImage 或 bzImage 之一,两种方式引导的系统运行时是相同的。大的内核采用 bzImage,不能采用 zImage。vmlinux 是未压缩的内核,vmlinuz 是 vmlinux 的压缩文件。

小提示:

为了正确、合理地设置内核编译配置选项,从而只编译系统需要的功能的代码,一般主要有下面 4 个考虑:

①尺寸小。自己定制内核可以使代码尺寸减小,运行将会更快。

②节省内存。由于内核部分代码永远占用物理内存,定制内核可以使系统拥有更多的可用物理内存。

③减少漏洞。不需要的功能编译进入内核可能会增加被系统攻击者利用的机会。

④动态加载模块。根据需要动态地加载或者卸载模块,可以节省系统内存。但是,将某种功能编译为模块方式会比编译到内核内的方式速度慢一些。

知识点五　根文件系统的构建

1. Linux 根文件系统

内核启动的最后步骤——挂载根文件系统,该文件系统主要包括以下几个文件:

- Init 进程
- Shell
- 文件系统、网络系统等的工具集
- 系统配置文件
- 链接库

Linux 根文件系统目录结构如下:

- bin　　　　　必要的用户命令(二进制文件)
- ＊boot　　　　引导加载程序使用的静态文件
- dev　　　　　设备文件及其他特殊文件

注意:当配置内核支持设备文件系统 devfs 时,此目录中的设备节点由内核和驱动程序自动创建,图示为/dev 目录内容,如图 3-35 所示。

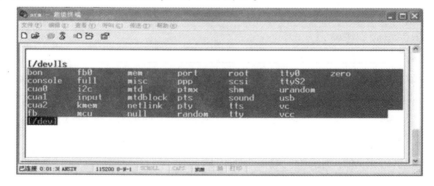

图 3-35　/dev 目录内容

- etc　　　　　　系统配置文件

etc 主要包括的文件如下:

fstab,挂载文件系统的配置文件;

passwd,Password 文件;

inetd. conf,Inetd 守护进程的配置文件;

group,Group 文件;

init. d/rcS,缺省的 sysinit 脚本。

- * home　　　用户主目录
- lib　　　　　必要的链接库,例如,C 链接库、内核模块
- mnt　　　　临时挂载的文件系统的挂载点
- * opt　　　　附加软件的安装目录
- proc　　　　提供内核和进程信息的 proc 文件系统
- * root　　　root 用户主目录
- sbin　　　　必要的系统管理员命令
- tmp　　　　临时文件目录
- usr　　　　大多数用户使用的应用程序和文件目录
- var　　　　监控程序和工具程序存放的可变数据

注意:"*"目录在嵌入式 Linux 上为可选的。

2. 构建根文件系统

(1)BusyBox 工具

BusyBox 用来精简基本用户命令和程序,它将数以百计的常用 Linux 命令集成到一个可执行文件中(名为 BusyBox),所占用的空间只有 1 MB 左右。从名称上来说是一个"繁忙的盒子",即一个程序完成所有的事情。

BusyBox 根据文件名来决定用户想调用的是哪个程序,例如 BusyBox 程序的文件名是 ls,则运行的就是 ls。虽然 BusyBox 是个很小的应用程序提供完整的工具集的功能,如 Init 进程、Shell、文件系统、网络系统等的工具集。软件下载地址 http://www.busybox.net/。

- 建立基本的目录结构

在宿主机上建立基本的目录结构,操作如下:

[root@ BC root]#cd /arm2410s/exp

[root@ BC exp]#mkdir rootfs

[root@ BC exp]#cd rootfs

[root@ BC rootfs]#cp-arf /arm2410s/busybox-1.00-pre10 /arm2410s/root

[root@ BC rootfs]#cd /arm2410s/root/busybox-1.00-pre10

[root@ BC busybox-1.00-pre10]#

- BusyBox 的配置和交叉编译

在 http://www.busybox.net/downloads/下载 Busybox:busybox-1.1.0.tar.bz2。

解压后,进入配置菜单:

[root@ BC busybox-1.00-pre10]# make menuconfig

使用 menuconfig 配置 BusyBox,如图 3-36 所示。

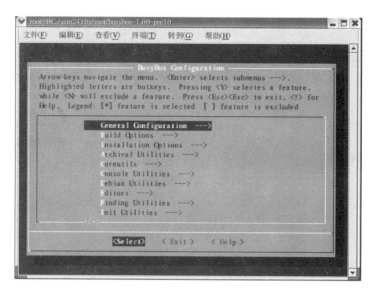

图 3-36 BusyBox 配置

其中,[*]表示选择,[ ]表示不选择,使用空格键切换。

如果在开发板上使用 devfs,则需要设置 Gereral Configuration 选项。

"[*]Support for devfs"

配置交叉编译器:Build Options

[*] Do you want to build BusyBox with a Cross Compiler?

/usr/local/arm/3.4.1/bin/arm-linux-) Cross Compiler prefix

需要在接下来的输入栏中输入宿主机中交叉编译器安装的路径,如图 3-37 所示。

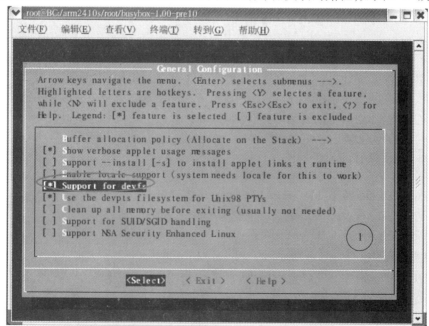

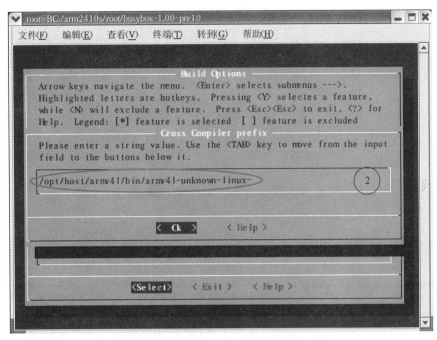

图 3-37　配置交叉编译器安装的路径
"/opt/host/armv41/bin/armv41-unknown-linux-"

选择 BusyBox 的编译方式:Build Options,如图 3-38 所示。

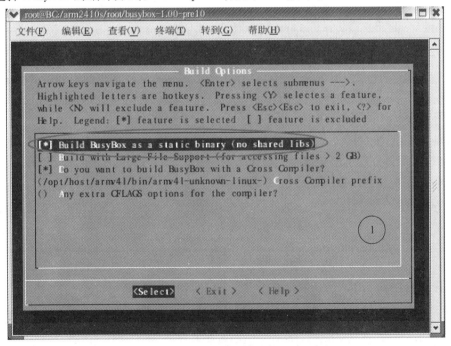

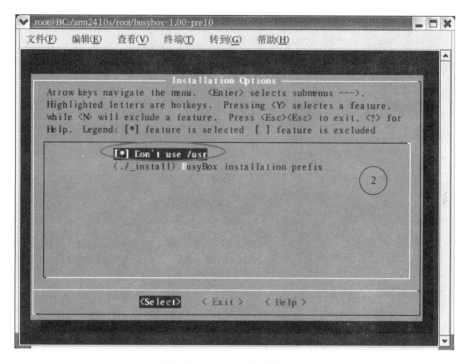

图 3-38　BusyBox 的编译方式

［ ＊ ］Build BusyBox as a static binary（no shared libs）

缺省配置为使用链接库。

设置 Installation Options 选项：

"［ ＊ ］Don't use /usr"

这是必选项,用来告诉编译器不要将生成的 BusyBox 文件存放到原系统的/usr 下,这样才能把 BusyBox 编译成静态链接的可执行文件,运行时才独立于其他函数库。否则必须要其他库文件才能运行,在单一个 Linux 内核不能使它正常工作。

其他选项都是一些 Linux 基本命令选项,自己需要哪些命令就编译进去,一般用默认的就可以了,配置好后退出并保存。

• 编译并安装 BusyBox

具体步骤如下：

①make dep——删除上次编译的依赖关系；

②make——生成 BusyBox 文件；

③make install——生成_install 目录。

编译好后在 BusyBox 目录下生成子目录_install,其内容如下：

drwxr-xr-x 2 root root 4096 11 月 24 15:28 bin

rwxrwxrwx 1 root root 11 11 月 24 15:28 linuxrc -> bin/busybox

drwxr-xr-x 2 root root 4096 11 月 24 15:28 sbin

其中可执行文件 busybox 在 bin 目录下,其他的都是指向他的符号链接。

（2）创建配置文件

在_install/etc 目录下,建立配置文件:

inittab:指定运行级别文件

fstab:挂载文件系统的配置文件

inetd.conf:Inetd 守护进程配置文件

profile:shell 配置脚本

passwd:用户管理文件

hosts:静态域名解析文件

（3）利用 cramfs 工具创建根文件系统映像文件

复制_install 下的目录和文件到目标根文件系统中,命令为:

[root@ BC busybox-1.00-pre10]# cp _install/ * /arm2410s/exp/rootfs

创建根文件系统映像文件:

mkcramfs rootfs root. cramfs

其中,root. cramfs 即是最后根文件系统的可执行映像文件。

【练一练】

请读者自己定制内核,并进行裁剪与编译,并利用 BusyBox 工具构建一个根文件系统,完成 Flash 程序的烧写。

项目四　嵌入式 Linux C 开发工具

任务一　用 vi 编辑器编辑 C 源代码

【任务目的】

1. 熟悉 vi 编辑器的 3 种模式。
2. 掌握 vi 编辑器的使用方法。
3. 掌握 vi 编辑器的常用操作命令。

【任务要求】

利用 vi 编辑器录入 C 源代码,并命名为 hello.c,源代码如下:

```
#include  < stdio. h >
  main( )
  {
    printf("hello world \n") ;
  }
```

【任务分析】

Linux 下的编辑器就如 Windows 下的 Word、记事本等一样,完成对所录入文字的编辑功能。Linux 系统提供了一个完整的编辑器家族系列,如 ed,ex,vi 和 emacs 等。按功能它们可以分为两大类:行编辑器(ed,ex)和全屏幕编辑器(vi,emacs)。行编辑器每次只能对一行进行操作,使用起来很不方便。而全屏幕编辑器可以对整个屏幕进行编辑,用户编辑的文件直接显示在屏幕上,从而克服了行编辑的那种不直观的操作方式,便于用户学习和使用,具有强大的功能。

Linux 中最常用的编辑器有 vi(vim)和 emacs,它们功能强大,使用方便,在本书中主要涉及嵌入式系统的基础应用,emacs 功能强大,对于初学者来说,不太好掌握,因此,后续操作多采用 vi 编辑器。本任务就是利用 vi 编辑器编辑一段简单的 C 源代码。

【任务实施】

启动上位机 Linux 的终端命令行,创建/home/vi 目录,并在该目录下键入 vi Hello.c(文件名)后回车,进入的是命令行模式,光标位于屏幕上方,如图 4-1 所示。

在命令行模式下输入 i 进入插入模式,在屏幕底部显示"插入"表示插入模式,在该模式下输入文字信息,如图 4-2 所示。

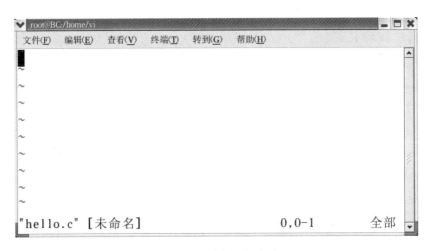

图 4-1　vi 编辑器的启动

图 4-2　进入插入模式

在插入模式中按下"Esc"键,转入命令行模式后并输入":"进入底行模式,在底行模式下键入"wq"(存盘后退出),如图 4-3 所示。

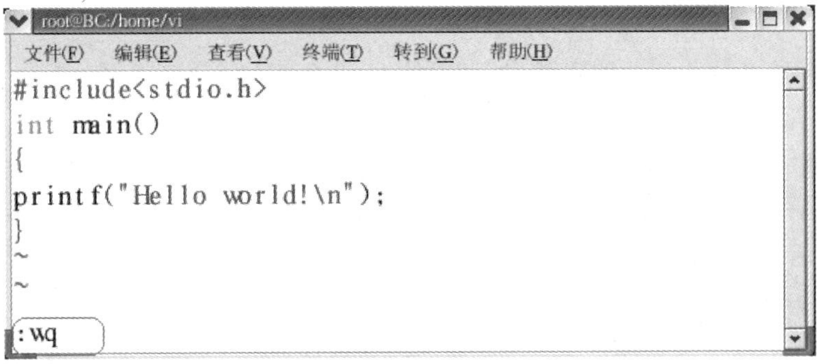

```
#include<stdio.h>
int main()
{
printf("Hello world!\n");
}
~
~
~
:wq
```

图 4-3　编辑内容并退出

【任务小结】

通过 vi 编辑器编辑一个简单的 C 程序,使读者熟悉 vi 编辑器的 3 种模式以及使用方法。

【知识点梳理】

知识点一　vi 编辑器

vi 是 Linux/Unix 世界里极为普遍的可视化的全屏幕文本编辑器(visual edit),几乎可以说任何一台 Linux/Unix 机器都会提供这个软件。

vi 有 3 种模式,分别为命令行模式、插入模式及命令行模式各模式的功能,下面具体进行介绍。

● 命令行模式(Command Mode)

用户在用 vi 编辑文件时,最初进入的为一般模式。在该模式中可以通过上下移动光标进行"删除字符"或"整行删除"等操作,也可以进行"复制""粘贴"等操作,但无法编辑文字。

● 插入模式(Insert Mode)

只有在该模式下,用户才能进行文字编辑输入,用户可按[Esc]键回到命令行模式。

● 底行模式(Last Line Mode)

在该模式下,光标位于屏幕的底行。可以进行文件保存或退出操作,也可以设置编辑环境,如寻找字符串、列出行号等。

知识点二　vi 的基本操作

(1)进入与离开

无论是开启新档或修改旧文件,都可以使用 vi,所需指令为:

vi　　<filemane>

如果文件是新的,就会在荧幕底部看到一个信息,告诉用户正在创建新文件。如果文件早已存在,vi 则会显示文件的首 24 行,用户可再用光标上下移动。

进入 vi 后屏幕最左边会出现波浪符号,凡是有该符号就代表该行目前是空的。此时进入的是命令行模式。

要离开 vi 可以在底行模式下键入":q"(不保存离开),":wq"(保存离开)则是存档后再离开(注意有冒号)。

(2)vi 中 3 种模式的切换

● 命令行模式、底行模式转为插入模式(见表4-1)

● 插入模式转为命令行模式、底行模式

从插入模式转为命令行模式、底行模式比较简单,只需使用[Esc]键即可。

● 命令行模式与底行模式转换

命令行模式与底行模式间的转换不需要使用其他特别的命令,而只需要直接键入相应模式中的命令键即可。

表 4-1　插入模式进入方式

特　征	命　令	作　用
新增	a	从光标所在位置后面开始新增资料,光标后的资料随新增资料向后移动
	A	从光标所在列最后面的地方开始新增资料
插入	i	从光标所在位置前面开始插入资料,游标后的资料随新增资料向后移动
	I	从光标所在列的第一个非空白字元前面开始插入资料
开始	o	在光标所在列下新增一列,并进入插入模式
	O	在光标所在列上方新增一列,并进入插入模式

（3）修改和删除（见表 4-2）

表 4-2　命令行模式命令

特　征	命　令	作　用
删除	x	删除光标所在的字符
	dd	删除光标所在的行
	s	删除光标所在的字符,并进入输入模式
	S	删除光标所在的行,并进入输入模式
修改	r 待修改字符	修改光标所在的字符,键入 r 后直接键入待修改字符
	R	进入取代状态,可移动光标键入所指位置的修改字符,该取代状态直到按［Esc］才结束
复制	yy	复制光标所在的行
	nyy	复制光标所在的行向下 n 行
	p	将缓冲区内的字符粘贴到光标所在位置

（4）光标移动（见表 4-3）

表 4-3　光标移动命令

指　令	作　用
b	移动到当前单词的开始
e	移动到当前单词的结尾
w	向前移动一个单词
h	向前移动一个字符
j	向上移动一行
k	向下移动一行
l	向后移动一个字符

(5)退出保存(见表4-4)

表4-4　退出保存命令

指　令	作　用
:q	结束编辑,退出 vi
:q!	不保存编辑过的文档
:w	保存文档,其后可加要保存的文件名
:wq	保存文档并退出
:zz	功能与":wq"相同
:x	功能与":wq"相同

【练一练】

现给出一段 C 代码如下:

```c
#include <stdio.h>
int display1(char * string);
int display2(char * string);
int main ( )
{
  char string[ ] = "Embedded Linux";
  display1 (string);
  display2 (string);
}
int display1 (char * string)
{
  printf ("The original string is % s \n", string);
}
int display2 (char * string1)
{
  char * string2;
  int size,i;
  size = strlen (string1);
  string2 = (char *) malloc (size + 1);
  for (i = 0; i < size; i++)
  string2[size - i] = string1[i];
  string2[size + 1] = ' ';
  printf("The string afterward is % s\n",string2);
}
```

完成下列操作：

①在"/home"目录下建一个名为"vi"的目录。

②进入"/home/vi"目录。

③使用 vi 在"/home/vi"目录下新建一个 greet.c 文件。

④录入 greet.c 文件内容。

⑤设定行号,指出"display2(string);"所在行号。

⑥将光标移到该行。

⑦复制该行内容。

⑧将光标移到最后一行行首。

⑨粘贴复制行的内容。

⑩撤销第⑨步的动作。

⑪将光标移动到最后一行的行尾。

⑫粘贴复制行的内容。

⑬光标移到"char ∗ string2;"。

⑭删除该行。

⑮存盘但不退出。

⑯将光标移到首行。

⑰插入模式下输入"Hello,this is vi world!"。

⑱返回命令行模式。

⑲向下查找字符串"malloc"。

⑳再向上查找字符串"Embedded"。

㉑强制退出 vi,不存盘。

任务二 编译器 gcc 编译程序

【任务目的】

1. 熟悉 gcc 编译流程。
2. 掌握 gcc 编译命令。

【任务要求】

有以下的 hello.c 源代码:

```
#include <stdio.h>
int main()
{
    printf("Hello! This is our embedded world! \n");
    return 0;
}
```

利用 gcc 编译器,通过预处理、编译、汇编和链接 4 个流程分步实现对 hello.c 的编译,最终的程序命名为 hello,并运行程序。

【任务分析】

在为 Linux 开发应用程序时,绝大多数情况下使用的都是 C 语言,因此几乎每一位 Linux 程序员面临的首要问题都是如何灵活运用 C 编译器。目前 Linux 下最常用的 C 语言编译器是 gcc(GNU Compiler Collection)。本任务主要通过 gcc 编译的 4 个步骤完成对 hello.c 源代码的编译,每次操作中,需要注意 gcc 命令选项的运用。

【任务实施】

(1)vi 编辑源代码

将上述源代码录入,保存至/home/gcctest 中,具体操作按照任务一的流程,如图 4-4 所示。

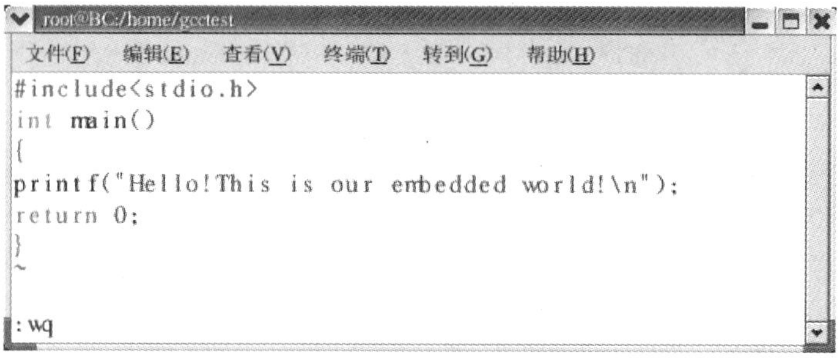

图 4-4　编辑内容并退出

(2)gcc 编译源代码

在/home/gcctest 目录中启动终端命令行,键入下列命令:

#gcc-E hello.c-o hello.i

查看生成文件,如图 4-5 所示。

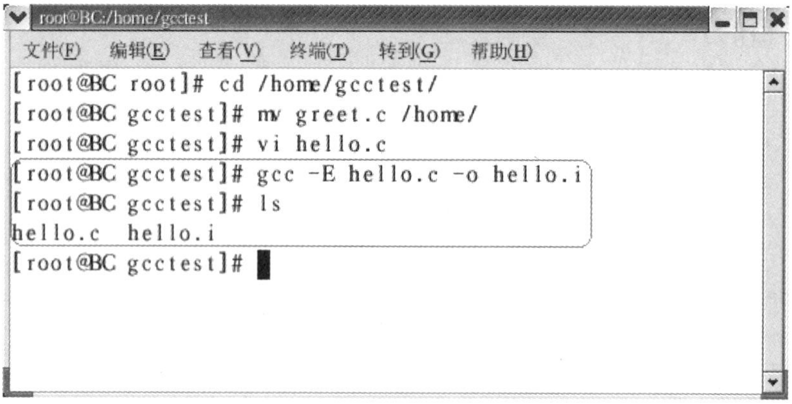

图 4-5　预处理

然后键入命令：

#gcc-S　hello. i-o hello. s

生成文件如图 4-6 所示。

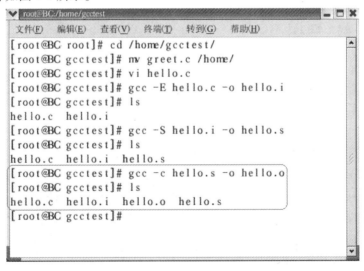

图 4-6　编译

再次键入命令：

#gcc-C hello. s-o hello. o

生成文件如图 4-7 所示。

图 4-7　汇编

最后键入命令：

#gcc hello. o-o hello

运行该可执行文件：

[root@ localhost Gcc]# ./hello

如图 4-8 所示。

图 4-8　运行结果

【任务小结】

通过 gcc 对源程序的编译操作,可了解到 gcc 编译的 4 步流程,并且掌握了 gcc 编译命令的用法。

【知识点梳理】

知识点一　gcc 概述

GNU CC 即 GNU C Compiler(简称为 gcc),是 GNU 项目中符合 ANSI C 标准的编译系统,是由 Richard Stallman 在 1983 年 9 月发起成立的一个开源社区,其目标是创建一套完全自由的操作系统。

gcc 能够编译用 C,C++和 Object C 等语言编写的程序。gcc 不仅功能强大,而且可以编译如 C,C++,Object C,Java,Fortran,Pascal,Modula-3 和 Ada 等多种语言,而且 gcc 又是一个交叉平台编译器,支持的硬件平台很多, 如 alpha,arm,avr,hppa,i386,m68k,mips,powerpc,sparc,vxworks,x86_64,MS Windows,OS/2 等。它能够在当前 CPU 平台上为多种不同体系结构的硬件平台开发软件,因此尤其适合在嵌入式领域的开发编译。

gcc 使用的基本语法为:

gcc 　[option | filename]

知识点二　gcc 的编译过程

gcc 的编译流程分为 4 个步骤,如图 4-9 所示。

在 Linux 系统中,一般不通过文件名的后缀来区分文件,但 gcc 通过文件名的后缀来区分文件,因此,使用 gcc 编译文件时要按照 gcc 的要求,给文件名加上相应的后缀。gcc

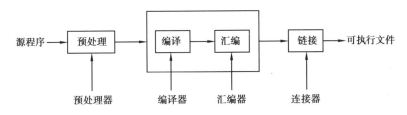

图 4-9　gcc 编译流程

所支持的文件名后缀见表 4-5。

表 4-5　gcc 支持的文件

文件名后缀	文件类型	编译流程
.c	C 语言源程序文件	预处理、编译、汇编
.a	由目标文件构成的档案库文件	链接
.C 或 .cc 或 .cxx	C++源程序文件	预处理、编译、汇编
.h	头文件	不常出现在指令行
.i	已经预处理过的 C 源程序文件	编译、汇编
.ii	已经预处理过的 C++源程序文件	编译、汇编
.m	Object C 源程序文件	预处理、编译、汇编
.o	编译后的目标文件	链接
.s	汇编语言源程序文件	汇编
.S	已经预处理过的汇编语言源程序文件	汇编

对于 C 源程序,其编译流程如图 4-10 所示。

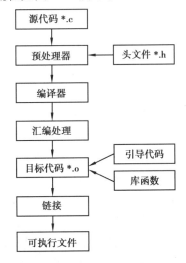

图 4-10　C 源程序编译过程

下面分别对编译流程作如下说明。

1. 预处理阶段

在该阶段,对包含的头文件(#include)和宏定义(#define、#ifdef等)进行处理。

gcc的选项"-E"可以使编译器在预处理结束时就停止编译,选项"-o"是指定gcc输出的结果,其命令格式如下。

gcc-E-o[目标文件][编译文件]

或

gcc-E[编译文件]-o[目标文件]

2. 编译阶段

接下来进行的是编译阶段,在这个阶段中,gcc首先要检查代码的规范性,是否有语法错误等,以确定代码的实际要做的工作,在检查无误后,gcc把代码翻译成汇编语言。用户可以使用"-S"选项来进行查看,该选项只进行编译而不进行汇编,生成汇编代码,其命令格式如下。

gcc-S-o[目标文件][编译文件]

或

gcc-S[编译文件]-o[目标文件]

3. 汇编阶段

汇编阶段是把编译阶段生成的".s"文件转成目标文件,可使用选项"-C"就可看到汇编代码已转化为".o"的二进制目标代码了,其命令格式如下。

gcc-C-o[目标文件][编译文件]

或

gcc-C[编译文件]-o[目标文件]

4. 链接阶段

在成功编译之后,就进入了链接阶段。在这里涉及一个重要的概念:函数库。我们可以重新查看这个小程序,在这个程序中并没有定义"printf"的函数实现,且在预编译中包含进的"stdio.h"中也只有该函数的声明,而没有定义函数的实现,那么,是在哪里实现"printf"函数的呢? 最后的答案是:系统把这些函数实现都被做到名为libc.so.6的库文件中去了,在没有特别指定时,gcc会到系统默认的搜索路径"/usr/lib"下进行查找,也就是链接到libc.so.6库函数中去,这样就能实现函数"printf"了,而这也就是链接的作用。

#gcc[目标文件]-o[最终可执行文件]

注意:Linux系统中可执行文件有两种格式。

第一种格式是a.out格式,这种格式用于早期的Linux系统以及Unix系统的原始格式。a.out来自于unix C编译程序默认的可执行文件名。当使用共享库时,a.out格式就会发生问题。把a.out格式调整为共享库是一种非常复杂的操作。因此,一种新的文件格式被引入Unix系统的第四版本和Solaris系统中。它被称为可执行和连接的格式(ELF)。

这种格式很容易实现共享库。

　　ELF 格式已经被 Linux 系统作为标准的格式采用。gcc 编译程序产生的所有的二进制文件都是 ELF 格式的文件(即使可执行文件的默认名仍然是 a.out),而较旧的 a.out 格式的程序仍然可以运行在支持 ELF 格式的系统上。

知识点三　gcc 函数库

　　gcc 在链接阶段,必须链接库函数,才能完成最后的编译。函数库分为静态库和动态库两种,静态库是一系列的目标文件(.o 文件)的归档文件(文件名格式为 libname.a),如果在编译某个程序时链接静态库,则链接器将会搜索静态库,从中提取出它所需要的目标文件并直接拷贝到该程序的可执行二进制文件(ELF 格式文件)之中;动态库(文件名格式为 libname.so[.主版本号.次版本号.发行号])在程序编译时并不会被链接到目标代码中,而是在程序运行时才被载入。

　　动态库只有在使用它的程序执行时才被链接使用,而不是将需要的部分直接编译入可执行文件中,并且一个动态库可以被多个程序使用故可称为共享库,而静态库将会整合到程序中,因此在程序执行时不用加载静态库。从而可知,链接到静态库会使你的程序臃肿,并且难以升级,但是可能会比较容易部署。而链接到动态库会使你的程序轻便,并且易于升级,但是会难以部署。

　　说明:

　　(1)函数库存放位置

　　/lib:系统必备共享函数库

　　/usr/lib:标准共享函数库和静态函数库

　　/usr/i486-linux-libc5/lib:libc5 兼容性函数库

　　/usr/X11R6/lib:X11R6 的函数库

　　/usr/local/lib:本地函数库

　　(2)头文件存放位置

　　/usr/include:系统头文件

　　/usr/local/include:本地头文件

　　(3)共享函数库的相关配置和命令

　　/etc/ld.so.conf:包含共享库的搜索位置

　　ldconfig:共享库管理工具,一般在更新了共享库之后要运行该命令

　　ldd:可查看可执行文件所使用的共享函数库

知识点四　gcc 选项

　　在 gcc 后面可以有多个编译选项,同时进行多个编译操作。很多的 gcc 选项包括一个以上的字符。因此必须为每个选项指定各自的连字符。

　　例如,下面的两个命令是不同的:

gcc -p -g　　test1.c

gcc　　-pg　　test1.c

当不用任何选项编译一个程序时,gcc 将会建立(假定编译成功)一个名为 a. out 的可执行文件。

1. 常用选项(见表 4-6)

表 4-6　gcc 常用选项说明

选　项	含　义
-c	只编译汇编不链接,生成目标文件". o"
-S	只编译不汇编,生成汇编代码
-E	只进行预编译,不做其他处理
-g	在可执行程序中包含标准调试信息
-o file	将 file 文件指定为输出文件
-v	打印出编译器内部编译各过程的命令行信息和编译器的版本
-I dir	在头文件的搜索路径列表中添加 dir 目录

2. 警告与出错提示选项(见表 4-7)

表 4-7　gcc 警告与出错选项说明

选　项	含　义
-ansi	支持符合 ANSI 标准的 C 程序,该选项强制 gcc 生成标准语法所要求的告警信息,尽管这还并不能保证所有没有警告的程序都是符合 ANSI C 标准的
-pedantic	允许发出 ANSI C 标准所列的全部警告信息,同样也保证所有没有警告的程序都是符合 ANSI C 标准的
-pedantic-error	允许发出 ANSI C 标准所列的全部错误信息
-w	关闭所有警告信息
-Wall	允许发出 gcc 提供的所有有用的报警信息
-werror	把所有的警告信息转化为错误信息,并在警告发生时终止编译过程

例如:如有以下程序段:

```
#include < stdio. h >
void main( )
{
  long long tmp  = 1;
  printf("This is a bad code!  \n");
  return 0;
}
```

(1)执行

gcc-ansi warning. c-o warning

运行结果如下：

warning.c：在函数"main"中：

warning.c:7 警告：在无返回值的函数中，"return"带返回值

warning.c:4 警告："main"的返回类型不是"int"

可以看出，该选项并没有发现"long long"这个无效数据类型的错误。

（2）执行

#gcc-pedantic warning.c-o warning

运行结果如下：

warning.c：在函数"main"中：

warning.c:5 警告：ISO C90 不支持"long long"

warning.c:7 警告：在无返回值的函数中，"return"带返回值

warning.c:4 警告："main"的返回类型不是"int"

可以看出，使用该选项查看出了"long long"这个无效数据类型的错误。

（3）执行

#gcc-Wall warning.c-o warning

运行结果如下：

warning.c:4 警告："main"的返回类型不是"int"

warning.c：在函数"main"中：

warning.c:7 警告：在无返回值的函数中，"return"带返回值

warning.c:5 警告：未使用的变量"tmp"

使用"-Wall"选项找出了未使用的变量 tmp，但它并没有找出无效数据类型的错误。

3. 优化选项

gcc 可以对代码进行优化，它通过编译选项"-O*n*"来控制优化代码的生成，其中 n 是一个代表优化级别的整数。对于不同版本的 gcc 来讲，*n* 的取值范围及其对应的优化效果可能并不完全相同，比较典型的是-O 和-O2 选项，见表4-8。优化选项可以使 gcc 在耗费更多编译时间和牺牲易调试性的基础上产生更小更快的可执行文件。

表 4-8　gcc 优化选项说明

选　项	含　义
-O	告诉 gcc 对源代码进行基本优化，这些优化在大多数情况下都会使程序执行得更快
-O2	告诉 gcc 产生尽可能小和尽可能快的代码，-O2 选项将使编译的速度比使用-O 时慢，但通常产生的代码执行速度会更快
-O3	比 -O2 更进一步优化，包括 inline 函数

优化选项的使用适合程序发行的场合；程序开发不太适合使用优化选项。

【练一练】

自己使用 vi 编写一段源代码，并使用 gcc 对之进行编译，运行并查看结果。

任务三　用 gdb 调试器调试程序

【任务目的】

1.掌握 gdb 的调试命令。
2.掌握问题程序的跟踪调试方法。

【任务要求】

1.使用 gcc 编译任务一中的 greet.c 代码,注意要加上"-g"选项以方便之后的调试。
2.运行生成的可执行文件,观察运行结果。
3.使用 gdb 调试程序,通过设置断点、单步跟踪,一步步找出错误所在。
4.纠正错误,更改源程序并得到正确的结果。

【任务分析】

gdb(GNU symbolic debugger)是一个调试工具,它是一个受通用公共许可证即 GPL 保护的自由软件。

与所有的调试器一样,gdb 可以调试一个程序,包括让程序在希望的地方停下,此时可以查看变量,寄存器,内存及堆栈,并可以更进一步修改变量及内存值。gdb 是一个功能很强大的调试器,它可以调试多种语言。gdb 不是一个图形化调试工具,因此学会使用 gdb 命令是非常重要的。本任务就是利用 gdb 中的各种命令,对一个 bugger 程序进行调试。

【任务实施】

(1)gcc 编译程序

在/home 下创建子目录"gdbtest",将任务一的/home/vi/greet.c 文件复制到/home/gdbtest 下,并用 gcc 编译之,如图 4-11 所示。

图 4-11　编译程序

运行程序 greet,输出结果如图 4-12 所示。

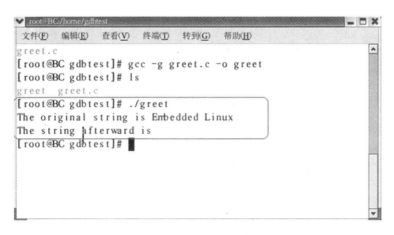

图 4-12 运行并查看结果

（2）gdb 调试程序

通过阅读源代码,此文件代码的原意为输出倒序 main 函数中定义的字符串,但结果显示没有输出。

接下来,通过 gdb 调试该程序。首先在当前目录中启动 gdb 调试器,出现 gdb 界面,如图 4-13 所示。

图 4-13 启动 gdb

接下来输入"l"命令查看源代码,如图 4-14 所示。代码每次只显示 10 行,回车继续查看后面的代码。

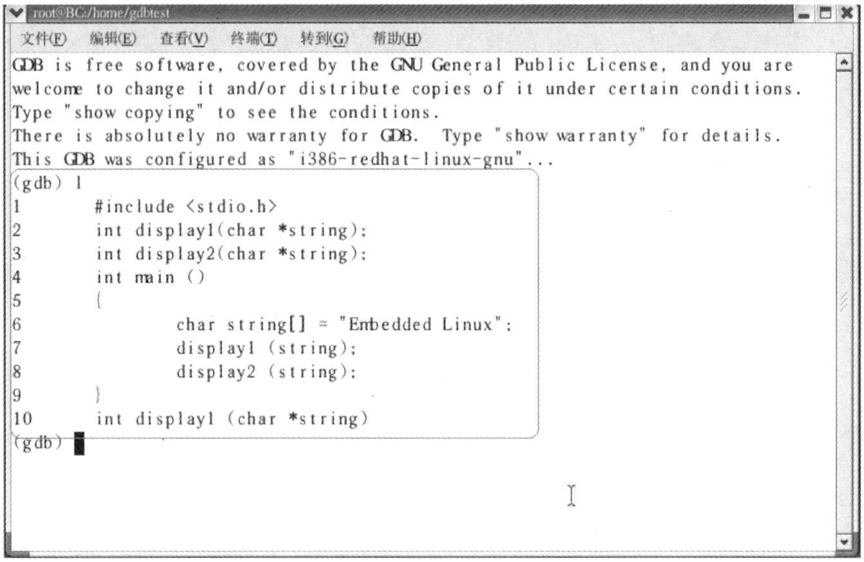

```
root@BC:/home/gdbtest
文件(F)  编辑(E)  查看(V)  终端(T)  转到(G)  帮助(H)
GDB is free software, covered by the GNU General Public License, and you are
welcome to change it and/or distribute copies of it under certain conditions.
Type "show copying" to see the conditions.
There is absolutely no warranty for GDB.  Type "show warranty" for details.
This GDB was configured as "i386-redhat-linux-gnu"...
(gdb) l
1       #include <stdio.h>
2       int display1(char *string);
3       int display2(char *string);
4       int main ()
5       {
6               char string[] = "Embedded Linux";
7               display1 (string);
8               display2 (string);
9       }
10      int display1 (char *string)
(gdb)
```

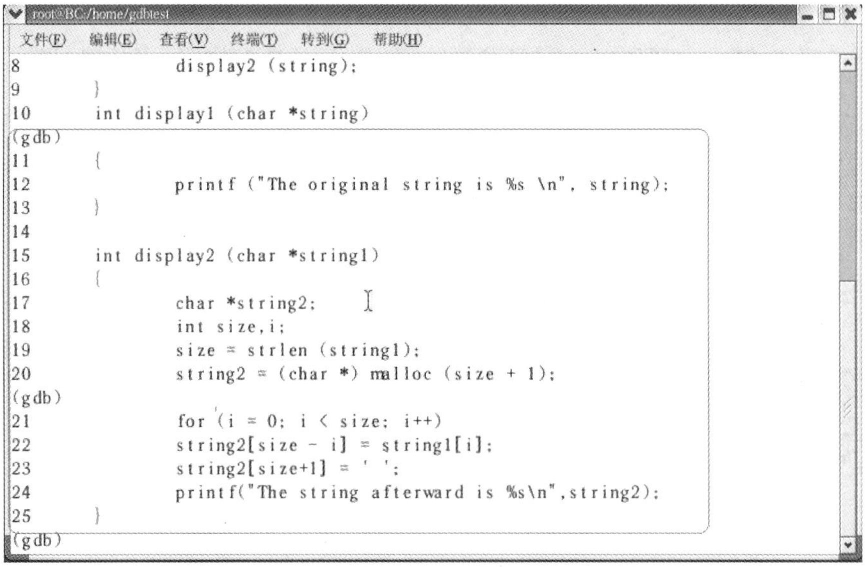

```
root@BC:/home/gdbtest
文件(F)  编辑(E)  查看(V)  终端(T)  转到(G)  帮助(H)
8               display2 (string);
9       }
10      int display1 (char *string)
(gdb)
11      {
12              printf ("The original string is %s \n", string);
13      }
14
15      int display2 (char *string1)
16      {
17              char *string2;
18              int size,i;
19              size = strlen (string1);
20              string2 = (char *) malloc (size + 1);
(gdb)
21              for (i = 0; i < size; i++)
22              string2[size - i] = string1[i];
23              string2[size+1] = ' ';
24              printf("The string afterward is %s\n",string2);
25      }
(gdb)
```

图 4-14　查看源代码

使用命令"b 21""b 26"分别在 21 行(for 循环处)和 24 行(printf 函数处)设置断点,如图 4-15 所示。

```
root@BC:/home/gdbtest
文件(F)  编辑(E)  查看(V)  终端(T)  转到(G)  帮助(H)
13          }
14
15          int display2 (char *string1)
16          {
17              char *string2;
18              int size,i;
19              size = strlen (string1);
20              string2 = (char *) malloc (size + 1);
(gdb)
21              for (i = 0; i < size; i++)
22                  string2[size - i] = string1[i];
23              string2[size+1] = ' ';
24              printf("The string afterward is %s\n",string2);
25          }
(gdb) b 21
Breakpoint 1 at 0x804841c: file greet.c, line 21.
(gdb) b24
Breakpoint 2 at 0x8048456: file greet.c, line 24.
(gdb)
```

图 4-15　设置断点

使用"r"命令运行代码,运行至第一个断点处停止,同时可使用"n"命令,单步运行代码,如图 4-16 所示。

```
root@BC:/home/gdbtest
文件(F)  编辑(E)  查看(V)  终端(T)  转到(G)  帮助(H)
(gdb)
21              for (i = 0; i < size; i++)
22                  string2[size - i] = string1[i];
23              string2[size+1] = ' ';
24              printf("The string afterward is %s\n",string2);
25          }
(gdb) b 21
Breakpoint 1 at 0x804841c: file greet.c, line 21.
(gdb) b24
Breakpoint 2 at 0x8048456: file greet.c, line 24.
(gdb) r
Starting program: /home/gdbtest/greet
The original string is Embedded Linux

Breakpoint 1, display2 (string1=0xbfffde70 "Embedded Linux") at greet.c:21
21              for (i = 0; i < size; i++)
(gdb) n
22                  string2[size - i] = string1[i];
(gdb)
```

图 4-16　运行程序

再次使用"n"命令,到第一断点处,使用"p string2[size - i]"命令,查看暂停点变量值,继续单步运行代码数次,并使用命令查看,发现 string2[size-1] 的值正确,如图 4-17 所示。

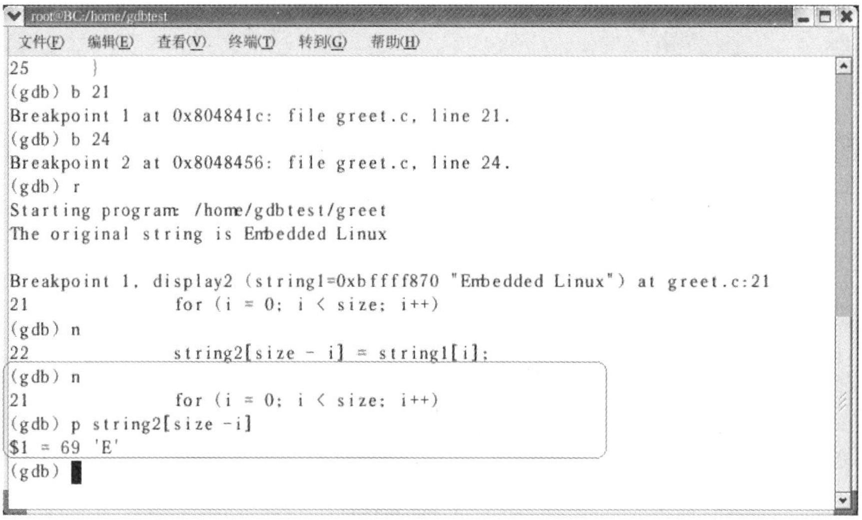

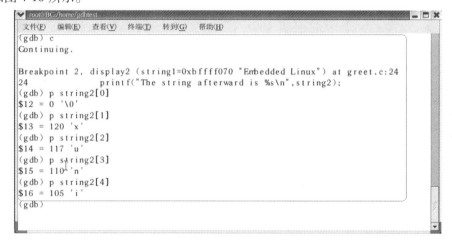

图 4-17　查看变量

当循环操作结束后,使用命令"c"继续程序的运行,程序在 printf 前停止运行,此时依次查看 string2[0],string2[1]...,发现 string[0]没有被正确赋值,而后面的复制都是正确的,如图 4-18 所示。

图 4-18　查看变量赋值

这时,定位程序第 22 行,发现程序运行结果错误的原因在于"size-1"。由于 i 只能增到"size-1",这样 string2[0]就永远不能被赋值而保持 NULL,故输不出任何结果。接下来使用命令"q"退出 gdb。

利用 vi 重新编辑 greet.c,作如下修改,如图 4-19 所示。

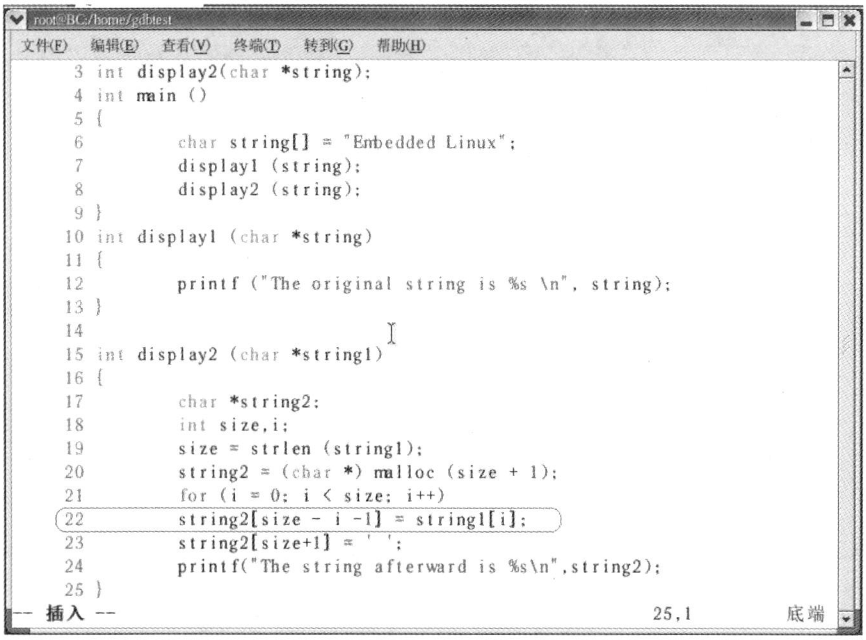

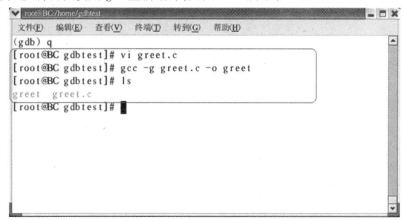

root@BC:/home/gdbtest
文件(F) 编辑(E) 查看(V) 终端(T) 转到(G) 帮助(H)
3 int display2(char *string);
4 int main ()
5 {
6 char string[] = "Embedded Linux";
7 display1 (string);
8 display2 (string);
9 }
10 int display1 (char *string)
11 {
12 printf ("The original string is %s \n", string);
13 }
14
15 int display2 (char *string1)
16 {
17 char *string2;
18 int size,i;
19 size = strlen (string1);
20 string2 = (char *) malloc (size + 1);
21 for (i = 0; i < size; i++)
22 string2[size - i -1] = string1[i];
23 string2[size+1] = ' ';
24 printf("The string afterward is %s\n",string2);
25 }
-- 插入 --
25,1
底端

图 4-19　修改源代码

保存并退出,再次使用 gcc 重新编译,如图 4-20 所示。

root@BC:/home/gdbtest
文件(F) 编辑(E) 查看(V) 终端(T) 转到(G) 帮助(H)
(gdb) q
[root@BC gdbtest]# vi greet.c
[root@BC gdbtest]# gcc -g greet.c -o greet
[root@BC gdbtest]# ls
greet greet.c
[root@BC gdbtest]#

图 4-20　保存并重新编译

运行并查看结果,如图 4-21 所示,这时,输入结果正确。

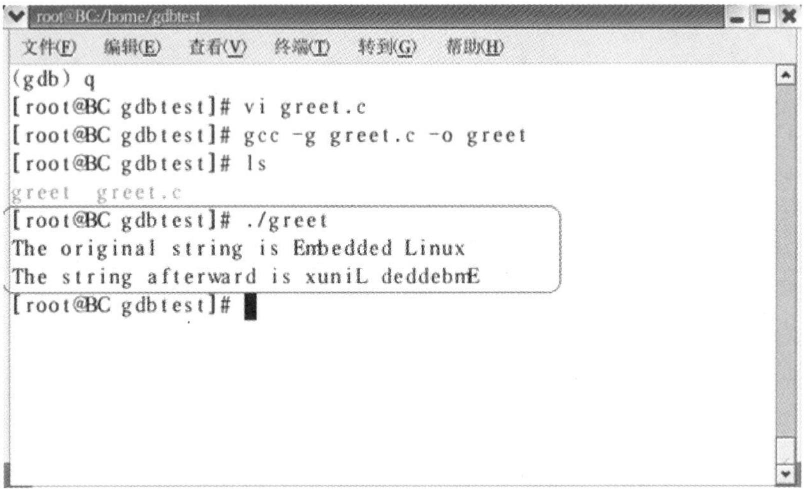

图 4-21　运行并显示正确结果

【任务小结】

通过调试一个有问题的程序,使读者进一步熟练掌握 gcc 编译命令及 gdb 的调试命令,通过对有问题程序的跟踪调试,进一步提高发现问题和解决问题的能力。

【知识点梳理】

知识点一　调试器 gdb

gdb 调试器是一款 GNU 开发组织并发布的 UNIX/Linux 下的程序调试工具。虽然,它没有图形化的友好界面,但是它强大的功能也足以与微软的 VC 工具等媲美,可以使程序开发者在程序运行时观察程序的内部结构和内存的使用情况。gdb 程序调试的对象是可执行文件,而不是程序的源代码文件。

gdb 所提供的一些功能如下:

运行程序,设置所有能影响程序运行的参数和环境;

控制程序在指定的条件下停止运行;

当程序停止时,可以检查程序的状态;

修改程序的错误,并重新运行程序;

动态监视程序中变量的值;

可以单步逐行执行代码,观察程序的运行状态;

分析崩溃程序的产生的 core 文件。

使用 gdb 调试程序之前,必须使用 -g 选项编译源文件。启动 gdb 的方法是在终端命令行上输入 gdb 并按回车键就可以运行 gdb 了。

键入格式如下:

gdb [filename]

回车后将出现:

(gdb)

在这里,可以输入调试命令。

小知识:

在 gdb 中,程序的运行状态有"运行""暂停"和"停止"3 种,其中"暂停"状态为程序遇到了断点或观察点之类的,程序暂时停止运行,而此时函数的地址、函数参数、函数内的局部变量都会被压入"栈"(Stack)中。故在这种状态下可以查看函数的变量值等各种属性。但在函数处于"停止"状态之后,"栈"就会自动撤销,它也就无法查看各种信息了。

知识点二　gdb 常用命令

启动 gdb 后,如果想要了解某个具体命令(比如 break)的帮助信息,在 gdb 提示符下输入下面的命令:

(gdb)break

屏幕上会显示关于 break 的帮助信息。从返回的信息可知,break 是用于设置断点的命令。另一个获得 gdb 帮助的方法是浏览 gdb 的手册页。在 Linux Shell 提示符输入:

#man gdb

可以看到 man 的手册页。在 gdb 提示符处键入 help,将列出命令的分类,主要的分类有:

aliases:命令别名;

breakpoints:断点定义;

data:数据查看;

files:指定并查看文件;

internals:维护命令;

running:程序执行;

stack:调用栈查看;

statu:状态查看;

tracepoints:跟踪程序执行。

键入 help 后跟命令的分类名,可获得该类命令的详细清单。

gab 常用的命令见表 4-9。

表 4-9　gdb 常用的命令

命　　令	功　　能
file	装入想要调试的可执行文件
cd	改变工作目录
pwd	返回当前工作目录
run	执行当前被调试的程序
kill	停止正在调试的应用程序
list	列出正在调试的应用程序的源代码
where	查看程序出错的地方
break	设置断点
watch	设置监视点,监视表达式的变化
awatch	设置读写监视点,当要监视的表达式被读或写时将应用程序挂起,它的语法与 watch 命令相同
rwatch	设置读监视点,当监视表达式被读时将程序挂起,等待调试,此命令的语法与 watch 相同
Next(n)	执行下一条源代码,但是不进入函数内部。也就是说,将一条函数调用作为一条语句执行。执行这个命令的前提是已经执行了 run 命令,开始了代码的执行
Continue(c)	执行到下一个断点或程序结束
display	在应用程序每次停止运行时显示表达式的值
info break	显示当前断点列表,包括每个断点到达的次数
info files	显示调试文件的信息
Step(s)	执行下一条源代码,进入函数内部。如果调用了某个函数,会跳到函数所在的代码中等候一步步执行。执行这个命令的前提是已经用 run 开始执行代码
info func	显示所有的函数名
info local	显示当前函数的所有局部变量的信息
info prog	显示调试程序的执行状态
print	显示表达式的值
Delete(d)	删除断点。指定一个断点号码,则删除指定断点。不指定参数则删除所有的断点
Shell	执行 Linux Shell 命令
make	不退出 gdb 而重新编译生成可执行文件
return <返回值>	改变程序流程,直接结束当前函数,并将指定值返回
call + 函数	在当前位置执行所要运行的函数
Quit(q)	退出 gdb

【练一练】

1.利用 gcc 编译 C 语言程序,使用不同选项,观察并分析显示结果。

2.用 gdb 调试一个编译后的 C 语言程序,熟悉 gdb 的使用。

任务四　编写包含多文件的 makefile

【任务目的】

1.熟悉 make 工程管理器。

2.掌握 makefile 文件编写方法。

3.熟悉变量的使用。

【任务内容】

1.用 vi 编辑两段代码。

2.针对两段代码,在同一目录下,分别使用一个目标体和两个目标体的方式编写 makefile 文件。

3.将 makefile 文件使用变量替换,并验证其正确性。

【任务分析】

无论是在 Linux 还是在 UNIX 环境中,make 都是一个非常重要的编译工具。无论是自己进行项目开发还是安装应用软件,都需要使用 make 工具。利用 make 工具,可以将大型的开发项目分解成为多个更易于管理的模块,对于一个包括几百个源文件的应用程序而言,使用 make 工具和 makefile 文件就可以清晰地理顺各个源文件之间的关系,实现自动编译。有效地利用 make 工具可以大大提高项目开发的效率。makefile 文件描述了整个工程的编译、连接等规则。

本任务就是利用 makefile 的编写规则,完成包含多文件的 makefile,并运行 make,完成自动编译。

【任务实施】

首先建立/home/maketest 目录,并用 vi 在该目录下编辑如下所示的两个代码段,如图 4-22 所示。

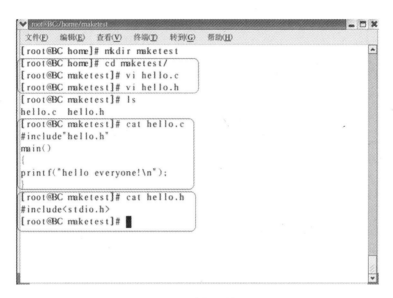

图 4-22　编辑源代码

仍在同一目录下用 vi 编辑 makefile，用一个目标体实现（即直接将 hello.c 和 hello.h 编译成 hello 目标体），如图 4-23 所示。

图 4-23　编辑 makefile

然后用 make 验证所编写的 makefile 是否正确，如图 4-24 所示。

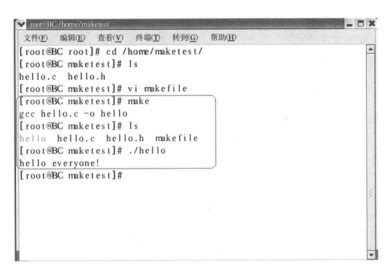

图 4-24 make 自动编译

将上述 makefile 使用变量替换实现,如图 4-25 所示。

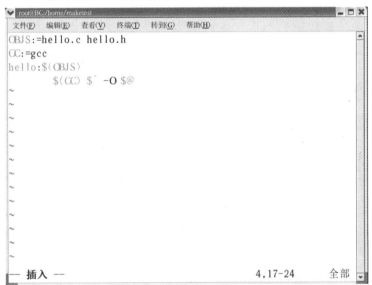

图 4-25 makefile 的变量替换

同样用 make 验证所编写的 makefile 的正确性,如图 4-26 所示。

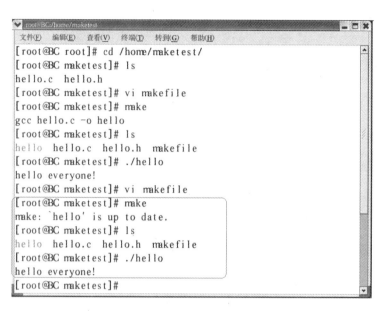

图 4-26　运行 make 并验证正确性

按照上面的步骤编辑另一 makefile，取名为 makefile1，不使用变量替换，但用两个目标体实现（也就是首先将 hello.c 和 hello.h 编译为 hello.o，再将 hello.o 编译为 hello），如图 4-27 所示。

图 4-27　两个目标体的 makefile

再用 make 的"-f"选项验证这个 makefile1 的正确性，如图 4-28 所示。

图 4-28　make 自动编译并运行

最后将上述 makefile1 使用变量替换实现,如图 4-29 所示。

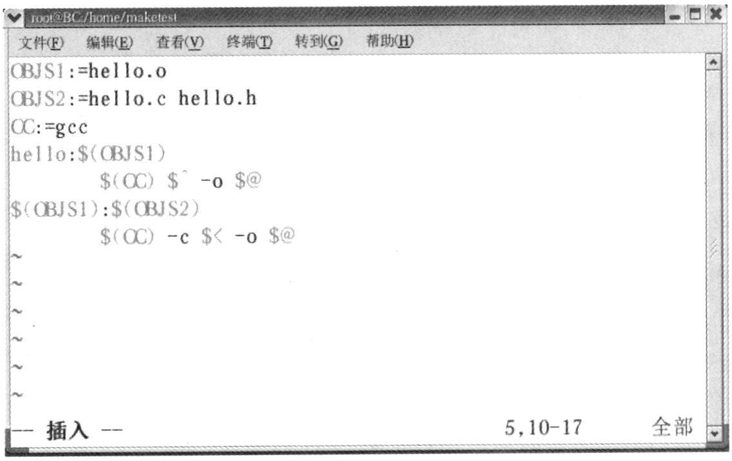

图 4-29　两个目标体的 makefile 变量替换

注意:在这里请注意区别" $^"和" $<"。

【任务小结】

通过对包含多文件的 makefile 的编写,熟悉各种形式的 makefile,并且进一步加深对 makefile 中用户自定义变量、自动变量及预定义变量的理解。

【知识点梳理】

知识点一　make 工具

make 工程管理器是 GNU 推出的用来管理多个程序的工具,它也是个"自动编译管理器",这里的"自动"是指它能够根据文件时间戳自动发现更新过的文件而减少编译的工

作量,具体体现如下:

①如果仅修改了某几个源文件,则只重新编译这几个源文件。

②如果某个头文件被修改了,则重新编译所有包含该头文件的源文件。

③利用这种自动编译可大大简化开发工作,避免不必要的重新编译。

同时,它通过读入 makefile 文件的内容来执行大量的编译工作。它依靠 makefile 文件中规则的描述,获取可执行文件和各程序模块间的关系,实现对属于同一个项目的多个文件进行管理。

makefile 是 make 读入的唯一配置文件,makefile 文件的预设文件名依次为 GNUmakefile、makefile 或者 Makefile,如果不使用预设文件名,则需要在执行 make 命令时加参数"-f"指明。

知识点二　makefile 基本结构

在一个 makefile 中通常包含如下内容:

需要由 make 工具创建的目标体(target),通常是目标文件或可执行文件;

要创建的目标体所依赖的文件(dependency_file);

创建每个目标体时需要运行的命令(command),这一行必须以制表符("Tab"键)开头。

makefile 的具体格式如下:

target：dependency_files

＜ TAB ＞command ／ ∗ 该行必须以"TAB"键开头 ∗ ／

其中,target 为规则的目标,通常是需要生成的文件名或者为了实现这个目的而必需的中间过程文件名。目标可以有多个,之间用空格进行分隔。另外,目标也可以是一个 make 执行的动作的名称,如"clean",这样的目标称为"伪目标",不生成文件,而只执行相应的命令,该命令在后面介绍。

dependency_files 为规则的依赖文件,表示要生成目标的先决条件为这些目标所依赖的文件必须先生成,依赖文件可以有多个,文件名之间用空格分隔。"伪目标"一般没有依赖文件。

command 为规则要执行的命令行,可以是任意的 shell 命令或者是可在 shell 下执行的程序,它表示 make 执行这条规则时所需要执行的动作。一个规则可以有多个命令行,每一条命令独占一行,并且每一个命令行必须以"Tab"字符开始,"Tab"字符告诉 make 此行是一个命令行。

如有以下 3 个程序段:

／ ∗ ⋯⋯⋯⋯⋯ code1 ⋯⋯⋯⋯⋯⋯⋯⋯⋯⋯ ∗ ／

／ ∗ sum. h ∗ ／

#include ＜ stdio. h ＞

```
/* ------------- code2 -------------------------- */
/* sum.c */
#include "sum.h"
extern void sum(int m);
int main()
{
    int i,n=0;
    for(i=1;i<=50;i++)
    n+=i;
    printf("The sum of 1~50 is %dn\n",n);
    sum(100);
}


/* ------------- code3 -------------------------- */
/* summ.c */
void sum(int m)
{
    int i,n=0;
    for(i=1;i<=50;i++)
    n+=i;
    printf("The sum of 1~50 is %dn\n",n);
    sum(100);
}
```

makefile 可以编写如下：

```
sum:sum.o summ.o
    gcc sum.o summ.o -o sum
sum.o:sum.c sum.h
    gcc -Wall -O-g -c sum.c -o sum.o
summ.o:summ.c
    gcc -Wall -O-g -c summ.c -o summ.o
```

在这个 makefile 中有 3 个目标体(target)，分别为 sum,sum.o 和 summ.o，其中第一个目标体的依赖文件就是后两个目标体。如果用户使用命令"make sum"或"make"，则 make 管理器就是找到 sum 目标体开始执行。

这时，make 会自动检查相关文件的时间戳。首先，在检查"sum.o""summ.o"和"sum"3 个文件的时间戳之前，它会向下查找那些把"sum.o"或"summ.o"作为目标文件的时间戳。

比如，"sum.o"的依赖文件为"sum.c""sum.h"。如果这些文件中任何一个的时间戳比"sum. o"新,则命令"gcc -Wall -O-g -c sum. c -o sum. o"将会执行,从而更新文件"sum. o"。在更新完"sum. o"或"summ. o"之后,make 会检查最初的"sum. o""summ. o"和"sum" 3 个文件,只要文件"sum. o"或"summ. o"中的任意一个比文件时间戳比"sum"新,则第二行命令就会被执行。这样,make 就完成了自动检查时间戳的工作,开始执行编译工作。

这也就是 make 工作的基本流程。

知识点三　makefile 变量

为了进一步简化编辑和维护 makefile,make 允许在 makefile 中创建和使用变量。变量是在 makefile 中定义的名字,用来代替一个文本字符串,该文本字符串称为该变量的值。在具体要求下,这些值可以代替目标体、依赖文件、命令以及 makefile 文件中其他部分。

1.预定义变量(见表 4-10)

表 4-10　makefile 预定义变量说明

命令格式	含　义
AR	库文件维护程序的名称,默认值为 ar
AS	汇编程序的名称,默认值为 as
CC	C 编译器的名称,默认值为 cc
CPP	C 预编译器的名称,默认值为 $(CC) -E
CXX	C++编译器的名称,默认值为 g++
FC	FORTRAN 编译器的名称,默认值为 f77
RM	文件删除程序的名称,默认值为 rm-f
ARFLAGS	库文件维护程序的选项,无默认值
ASFLAGS	汇编程序的选项,无默认值
CFLAGS	C 编译器的选项,无默认值
CPPFLAGS	C 预编译的选项,无默认值
CXXFLAGS	C++编译器的选项,无默认值
FFLAGS	FORTRAN 编译器的选项,无默认值

2. 自动变量（见表 4-11）

表 4-11　makefile 自动变量说明

命令格式	含　义
$ *	不包含扩展名的目标文件名称
$ +	所有的依赖文件，以空格分开，并以出现的先后为序，可能包含重复的依赖文件
$ <	第一个依赖文件的名称
$?	所有时间戳比目标文件晚的依赖文件，并以空格分开
$@	目标文件的完整名称
$^	所有不重复的依赖文件，以空格分开
$%	如果目标是归档成员，则该变量表示目标的归档成员名称

在 makefile 中的变量定义有两种方式：一种是递归展开方式，另一种是简单方式。

递归展开方式定义的变量是在引用该变量时进行替换的，即如果该变量包含了对其他变量的应用，则在引用该变量时一次性将内嵌的变量全部展开，虽然这种类型的变量能够很好地完成用户的指令，但是它也有严重的缺点，例如不能在变量后追加内容（因为语句"CFLAGS ＝ $(CFLAGS) -0"在变量扩展过程中可能导致无穷循环）。

为了避免上述问题，简单扩展型变量的值在定义处展开，并且只展开一次，因此它不包含任何对其他变量的引用，从而消除变量的嵌套引用。

递归展开方式的定义格式为：

VAR ＝ var

简单扩展方式的定义格式为：

VAR ：＝ var

make 中的变量使用均使用格式为：

$(VAR)

注意：

变量名是不包括":""#"" ＝"结尾空格的任何字符串。同时，变量名中包含字母、数字以及下划线以外的情况应尽量避免，因为它们可能在将来被赋予特别的含义。

变量名是大小写敏感的，例如变量名"foo""FOO"和"Foo"代表不同的变量。推荐在 makefile 内部使用小写字母作为变量名，预留大写字母作为控制隐含规则参数或用户重载命令选项参数的变量名。

下面给出了上例中用变量替换修改后的 makefile，这里用 OBJS 代替 sum.o 和 summ.o，用 CC 代替 gcc，用 CFLAGS 代替"-Wall -O-g"。这样在以后修改时，就可以只修改变量定义，而不需要修改下面的定义实体,从而大大简化了 makefile 维护的工作量。

经变量替换后的 makefile 如下:

```
OBJS = sum.o summ.o
CC = gcc
CFLAGS = -Wall -O -g
sum: $(OBJS)
        $(CC) $(OBJS) -o sum
sum.o: sum.c sum.h
        $(CC) $(CFLAGS) -c sum.c -o sum.o
summ.o: sum.c
        $(CC) $(CFLAGS) -c summ.c -o summ.o
```

可以看到,此处变量是以递归展开方式定义的。上例中若引入自动变量后,其 makefile 内容如下:

```
OBJS = sum.o summ.o
CC = gcc
CFLAGS = -Wall -O -g
sum: $(OBJS)
        $(CC) $^ -o $@
sum.o: sum.c sum.h
        $(CC) $(CFLAGS) -c $< -o $@
summ.o: summ.c
        $(CC) $(CFLAGS) -c $< -o $@
```

知识点四　makefile 规则

makefile 的规则是 make 进行处理的依据,它包括了目标体、依赖文件及其之间的命令语句。

1. 隐式规则

隐式规则能够告诉 make 怎样使用传统的技术完成任务,这样,当用户使用它们时就不必详细指定编译的具体细节,而只需把目标文件列出即可。make 会自动搜索隐式规则目录来确定如何生成目标文件。

make 的隐式规则指出:所有".o"文件都可自动由".c"文件使用命令" $(CC) $(CPPFLAGS) $(CFLAGS) -c file.c -o file.o"生成。

makefile 中常见隐式规则目录见表 4-12。

表 4-12　makefile 隐式规则说明

对应语言后缀名	规　　则
C 编译:. c 变为. o	$(CC) -c　$(CPPFLAGS)　$(CFLAGS)
C ＋＋编译:. cc 或. C 变为. o	$(CXX)　-c　$(CPPFLAGS)　$(CXXFLAGS)
Pascal 编译:. p 变为. o	$(PC)　-c　$(PFLAGS)
Fortran 编译:. r 变为-o	$(FC)　-c　$(FFLAGS)

例如：

OBJS ＝ sum. o summ. o

CC ＝ gcc

CFLAGS ＝ -Wall -O -g

sum：$(OBJS)

$(CC)　$^ -o　$@

2. 模式规则

模式规则不同于隐式规则,是用来定义具有相同处理规则的多个文件的,模式规则能引入用户自定义变量,为多个文件建立相同的规则,简化 makefile 的编写。

模式规则的格式类似于普通规则,这个规则中的相关文件前必须用"％"标明,如下实例：

OBJS ＝ sum. o summ. o

CC ＝ gcc

CFLAGS ＝ -Wall -O -g

sum：$(OBJS)

$(CC) .$^ -o　$@

％. o：％. c

$(CC)　$(CFLAGS) -c　$ < -o　$@

知识点五　make 的命令行选项

make 的命令行选项见表 4-13。

表 4-13　make 命令行选项说明

命令格式	含　　义
-C dir	读入指定目录下的 makefile
-f file	读入当前目录下的 file 文件作为 makefile

续表

命令格式	含　义
-i	忽略所有的命令执行错误
-I dir	指定被包含的 makefile 所在目录
-n	只打印要执行的命令,但不执行这些命令
-p	显示 make 变量数据库和隐含规则
-s	在执行命令时不显示命令
-w	如果 make 在执行过程中改变目录,打印当前目录名

【练一练】

1.通过练习,掌握 make 工具的使用方法,理解为什么要使用 make 工具进行工程管理。

2.熟练掌握如何编写 makefile 文件。

任务五　用 autotools 工具生成 makefile 文件

【任务目的】

1. 了解 autotools 各工具的用途。

2. 掌握 autotools 工具使用流程掌握 vi 编辑器的使用方法。

【任务要求】

利用 autotools 工具自动生成包含多文件的 makefile。

【任务分析】

前面的任务四中,makefile 固然可以帮助 make 完成它的使命,但要编写 makefile 确实不是一件轻松的事,尤其对于一个较大的项目而言更是如此。autotools 使用时只需用户输入简单的目标文件、依赖文件、文件目录等就可以轻松地生成 makefile。使用前要确认系统是否安装了 autotools 系列工具(可以用 which 命令进行查看),其中包括:

aclocal;

autoscan;

autoconf;

autoheader;

automake。

本任务就是针对一个简单工程项目,通过各工具的使用,自动生成 makefile。

【任务实施】

在/home 下创建/home/auto,并将/home/maketest 的 hello.c 与 hello.h 复制到该目录下,如图 4-30 所示。

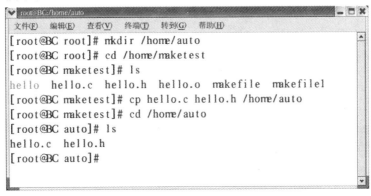

图 4-30 复制文件

在/home/auto 中使用 autoscan,生成 configure.scan,如图 4-31 所示。

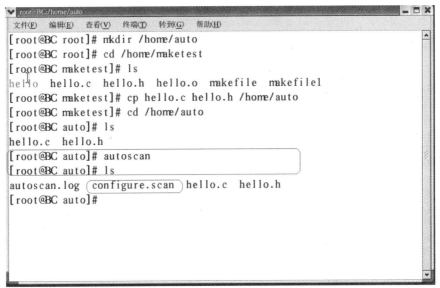

图 4-31 运行 autoscan

用 vi 编辑 configure. scan，修改相关内容，并将其重命名为 configure. in，如图 4-32 所示。

root@BC:/home/auto
文件(F) 编辑(E) 查看(V) 终端(T) 转到(G) 帮助(H)
#   -*- Autoconf -*-
# Process this file with autoconf to produce a configure script.
AC_PREREQ(2.57)
AC_INIT(hello,1.0)
AM_INIT_AUTOMAKE(HELLO,1.0)
AC_CONFIG_SRCDIR([hello.c])
AC_CONFIG_HEADER([config.h])
# Checks for programs.
AC_PROG_CC
# Checks for libraries.
# Checks for header files.
# Checks for typedefs, structures, and compiler characteristics.
# Checks for library functions.
AC_CONFIG_FILES(makefile)
AC_OUTPUT
:wq configure.in

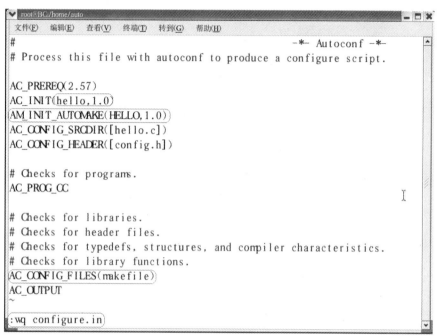

图 4-32　编辑 configure. scan

接下来使用 aclocal 生成 aclocal. m4，如图 4-33 所示。

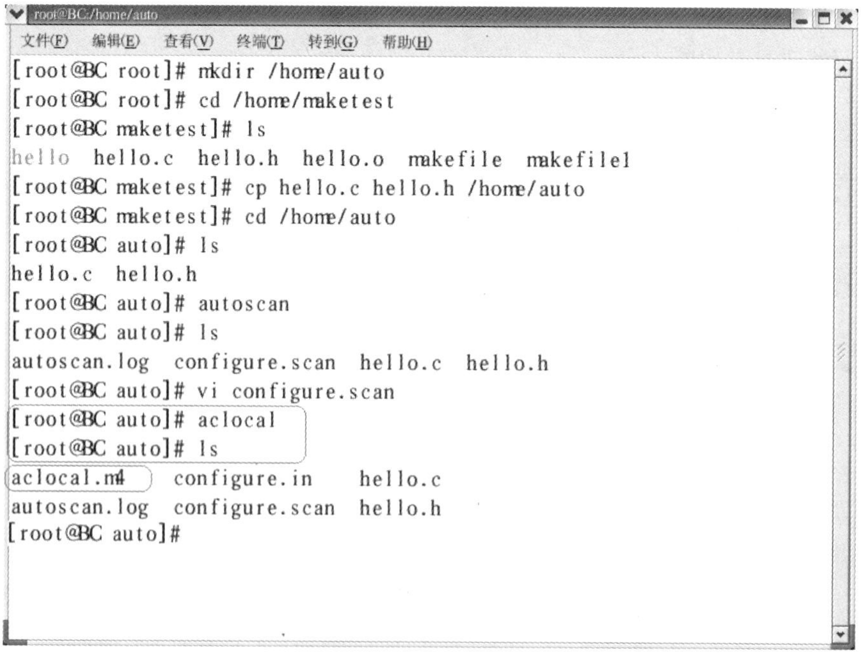

root@BC:/home/auto
文件(F) 编辑(E) 查看(V) 终端(T) 转到(G) 帮助(H)
[root@BC root]# mkdir /home/auto
[root@BC root]# cd /home/maketest
[root@BC maketest]# ls
hello hello.c hello.h hello.o makefile makefile1
[root@BC maketest]# cp hello.c hello.h /home/auto
[root@BC maketest]# cd /home/auto
[root@BC auto]# ls
hello.c hello.h
[root@BC auto]# autoscan
[root@BC auto]# ls
autoscan.log configure.scan hello.c hello.h
[root@BC auto]# vi configure.scan
[root@BC auto]# aclocal
[root@BC auto]# ls
aclocal.m4 configure.in hello.c
autoscan.log configure.scan hello.h
[root@BC auto]#

图 4-33　运行 aclocal

再使用 autoconf 生成 configure,如图 4-34 所示。

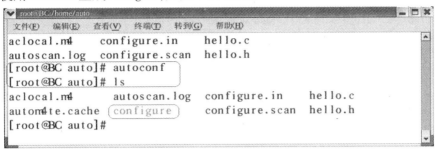

图 4-34 运行 autoconf

接着使用 autoheader 命令,它负责生成 config.h.in 文件,如图 4-35 所示。

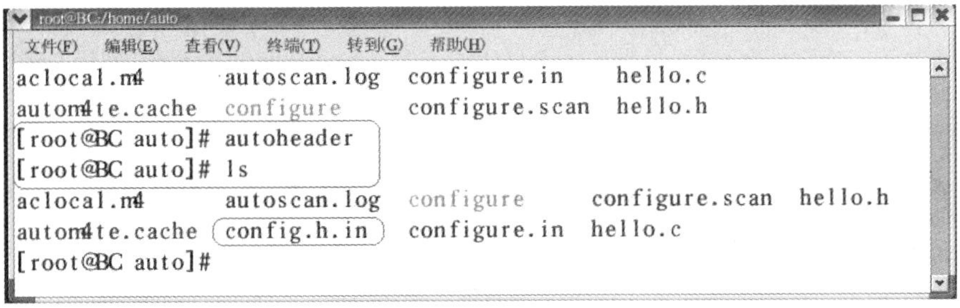

图 4-35 运行 autoheader

用 vi 编辑 makefile.am,具体内容如图 4-36 所示。

图 4-36 编辑 makefile.am

接着使用 automake 生成 makefile.in,如图 4-37 所示。

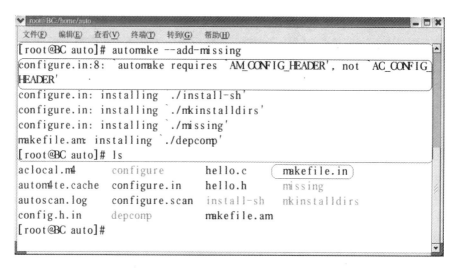

图 4-37　运行 automake

上图中 configure.in 中提示有错误,再次用 vi 编辑修改,如图 4-38 所示。

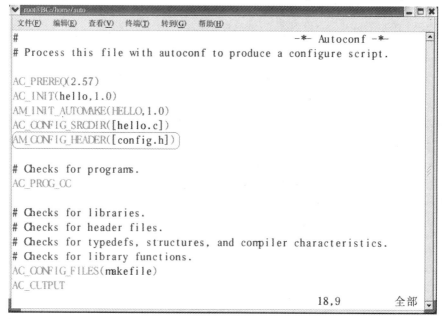

图 4-38　再次修改 configure.in

最后运行程序 configure 自动生成 makefile 文件,如图 4-39 所示。

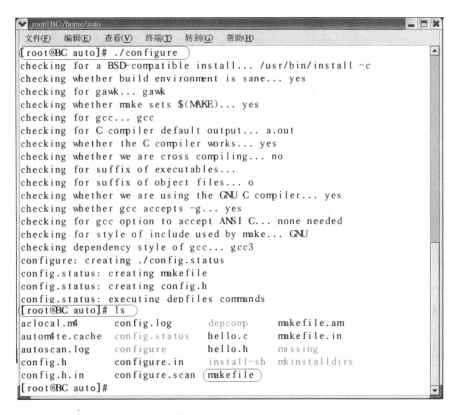

图 4-39 运行 configure

当 makefile 生成后,使用 make 生成 hello 可执行文件,并在当前目录下运行 hello 查看结果,如图 4-40 所示。

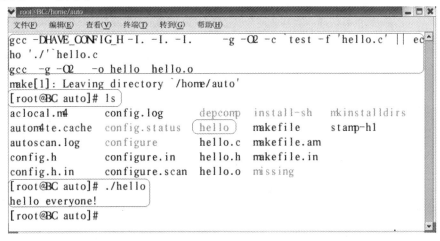

图 4-40 运行程序

使用 make install 将 hello 安装到系统目录下,运行并查看结果,如图 4-41 所示。

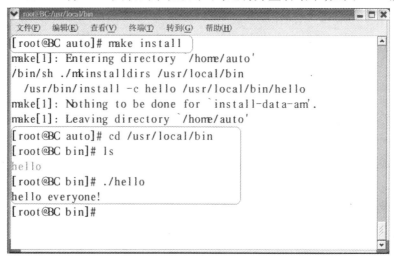

图 4-41　安装程序

最后运行 make dist,将程序和相关的文档打包为一个压缩文档以供发布,如图 4-42 所示。

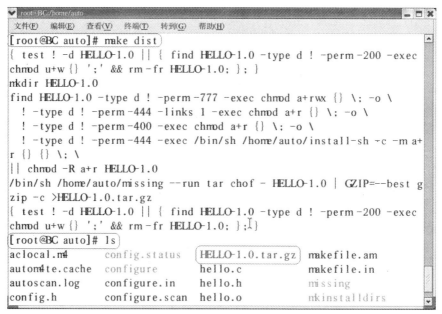

图 4-42　打包程序并发布

【任务小结】

通过使用 autotools 生成包含多文件的 makefile,使读者掌握 autotools 的正确使用方法。

【知识点梳理】

知识点一　autotools 工具集

对于一个较大的项目而言编写 makefile 难度较大。autotools 系列工具只需用户输入简单的目标文件、依赖文件、文件目录等,就可以轻松地生成 makefile,autotools 工具还可以完成系统配置信息的收集,从而可以方便地处理各种移植性的问题。Linux 上的软件开发一般都用 autotools 来制作 makefile。

1. autotools 使用流程

使用 autotools 主要就是利用各个工具的脚本文件以生成最后的 makefile。autotools 使用流程如图 4-43 所示。

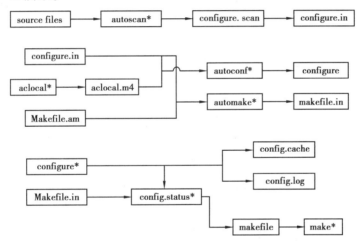

图 4-43　autotools 使用流程

简单地说,该过程就是使用 aclocal 生成一个"aclocal. m4"文件,该文件主要处理本地的宏定义;后改写"configure. scan"文件,并将其重命名为"configure. in",并使用 autoconf 文件生成 configure 文件。

开发者要书写的文件主要是 configure. in 和 makefile. am。

autotools 操作的主要步骤如下:

①运行 autoscan 检测源文件生成 configure. scan 并修改成 configure. in;

②编辑 configure. in;

③由 aclocal 命令生成 aclocal. m4;

④运行 autoconf 生成 configure 脚本;

⑤运行 autoheader 生成 config. h. in 文件;

⑥创建并编辑 makefile. am;

⑦运行 automake 生成 makefile. in；

⑧运行 configure 脚本生成 makefile。

2. 工具操作说明

针对本任务，下面分步骤简介一下 autotools 生成 makefile 的过程。

（1）autoscan

它会在给定目录及其子目录树中检查源文件，若没有给出目录，就在当前目录及其子目录树中进行检查。它会搜索源文件以寻找一般的移植性问题并创建一个文件"configure. scan"，该文件就是接下来 autoconf 要用到的"configure. in"原型。如下：

［root@ localhost automake］# autoscan

autom4te：configure. ac：no such file or directory

autoscan：/usr/bin/autom4te failed with exit status：1

［root@ localhost automake］# ls

autoscan. log configure. scan hello. c

由上述代码可知 autoscan 首先会尝试去读入"configure. ac"（同 configure. in 的配置文件）文件，此时还没有创建该配置文件，于是它会自动生成一个"configure. in"的原型文件"configure. scan"。

（2）autoconf

configure. in 是 autoconf 的脚本配置文件，它的原型文件是"configure. scan"，对这个脚本文件配置如下（标注下画线部分）：

- * - Autoconf - * -

Process this file with autoconf to produce a configure script.

确保使用的是足够新的 Autoconf 版本。如果用于创建 configure 的 Autoconf 的版本比 version 要早，就在标准错误输出打印一条错误消息并不会创建 configure。这里宏声明本文件要求的 autoconf 版本，如本例使用的版本 2.57。

AC_PREREQ(2.57)

初始化，AC_INIT 宏用来定义定义软件的基本信息，包括设置包的全称，版本号及报告 BUG 时使用的邮箱地址

#AC_INIT(FULL-PACKAGE-NAME,VERSION,BUG-REPORT-ADDRESS)

AC_INIT(hello,1.0)

#AM_INIT_AUTOMAKE 是另添加的，它是 automake 所必备的宏，也同前面一样，PACKAGE 是所要产生软件套件的名称，VERSION 是版本编号。

AM_INIT_AUTOMAKE(hello,1.0)

用来侦测所指定的源码文件是否存在，来确定源码目录的有效性。在此处为当前

目录下的 hello. c

```
AC_CONFIG_SRCDIR([hello. c])


# 用于生成 config. h 文件,以便 autoheader 使用
AC_CONFIG_HEADER([config. h])
# Checks for programs.
AC_PROG_CC
# Checks for libraries.
# Checks for header files.
# Checks for typedefs, structures, and compiler characteristics.
# Checks for library functions.


#AC_CONFIG_FILES 宏用于生成相应的 makefile 文件。
AC_CONFIG_FILES([makefile])
AC_OUTPUT
```

#中间的注释间可以添加分别用户测试程序、测试函数库、测试头文件等宏定义。

接下来首先运行 aclocal,生成一个"aclocal. m4"文件,该文件主要处理本地的宏定义。如下:

[root@ localhost automake]# aclocal

再接着运行 autoconf,生成"configure"可执行文件。如下:

[root@ localhost automake]# autoconf

[root@ localhost automake]# ls

aclocal. m4 autom4te. cache autoscan. log configure configure. in hello. c

(3)autoheader

接着使用 autoheader 命令,它负责生成 config. h. in 文件。该工具通常会从"acconfig. h"文件中复制用户附加的符号定义,因此此处没有附加符号定义,所以不需要创建"acconfig. h"文件。如下:

[root@ localhost automake]# autoheader

(4)automake

这一步是创建 makefile 很重要的一步,automake 要用的脚本配置文件是 makefile. am,用户需要自己创建相应的文件。之后,automake 工具转换成 makefile. in。在该例中,我们创建的文件为 makefile. am 如下:

```
AUTOMAKE_OPTIONS = foreign
bin_PROGRAMS =  hello
hello_SOURCES =  hello. c
```

面对该脚本文件的对应项进行解释。

其中的 AUTOMAKE_OPTIONS 为设置 automake 的选项。由于 GNU 对自己发布的软

件有严格的规范,比如必须附带许可证声明文件 COPYING 等,否则 automake 执行时会报错。automake 提供了 3 种软件等级:foreign,gnu 和 gnits,让用户选择采用,默认等级为 gnu。在本例使用 foreign 等级,它只检测必须的文件。

bin_PROGRAMS 定义要产生的执行文件名。如果要产生多个执行文件,每个文件名用空格隔开。

hello_SOURCES 定义"hello"这个执行程序所需要的原始文件。如果"hello"这个程序是由多个原始文件所产生的,则必须把它所用到的所有原始文件都列出来,并用空格隔开。

例如:若目标体"hello"需要"hello. c""sunq. c""hello. h"3 个依赖文件,则定义hello_SOURCES = hello. c sunq. c hello. h。要注意的是,如果要定义多个执行文件,则对每个执行程序都要定义相应的 file_SOURCES。

(5)automake

接下来可以使用 automake 对其生成"configure. in"文件,在这里使用选项--adding-missing"可以让 automake 自动添加有一些必需的脚本文件。如下:

[root@ localhost automake]# automake--add-missing

configure. in:installing '. /install-sh'

configure. in:installing '. /missing'

Makefile. am:installing 'depcomp'

[root@ localhost automake]# ls

aclocal. m4 autoscan. log configure. in hello. c Makefile. am missing

autom4te. cache configure depcomp install-sh Makefile. in config. h. in

最后,通过运行自动配置设置文件 configure,把 makefile. in 变成了最终的 makefile。如下:

[root@ localhost automake]# . /configure

checking for a BSD-compatible install... /usr/bin/install -c

checking whether build enVironment is sane... yes

checking for gawk... gawk

checking whether make sets $(MAKE)... yes

checking for Gcc... Gcc

checking for C compiler default output file name... a. out

checking whether the C compiler works... yes

checking whether we are cross compiling... no

checking for suffix of executables...

checking for suffix of object files... o

checking whether we are using the GNU C compiler... yes

checking whether Gcc accepts -g... yes

checking for Gcc option to accept ANSI C... none needed

checking for style of include used by make... GNU

checking dependency style of Gcc... Gcc3

configure：creating ./config. status

config. status：creating Makefile

config. status：executing depfiles commands

到此为止,makefile 就可以自动生成了。

知识点二　make 工具

1. make

键入 make 默认执行"make all"命令,即目标体为 all,其执行情况如下：

[root@ localhost automake]# make

if gcc -DPACKAGE_NAME = \"\" -DPACKAGE_TARNAME = \"\" -DPACKAGE_VER-

SION = \"\"

DPACKAGE_STRING = \"\" -DPACKAGE_BUGREPORT = \"\" -DPACKAGE = \"hello\"

-DVERSION = \"1. 0\"

I. -I. -g -O2 -MT hello. o -MD -MP -MF ". deps/hello. Tpo" -c -o hello. o hello. c；\

then mv -f ". deps/hello. Tpo" ". deps/hello. Po"；else rm -f ". deps/hello. Tpo"；

exit 1；fi

gcc -g -O2 -o hello hello. o

此时在本目录下就生成了可执行文件"hello",运行"./hello"能出现正常结果。

2. make install

运行该命令,会把该程序安装到系统目录中去,如下：

[root@ localhost automake]# make install

if Gcc -DPACKAGE_NAME = \"\" -DPACKAGE_TARNAME = \"\" -DPACKAGE_VER-

SION = \"\"

DPACKAGE_STRING = \"\" -DPACKAGE_BUGREPORT = \"\" -DPACKAGE = \"hello\"

-DVERSION = \"1. 0\"

I. -I. -g -O2 -MT hello. o -MD -MP -MF ". deps/hello. Tpo" -c -o hello. o hello. c；\

then mv -f ". deps/hello. Tpo" ". deps/hello. Po"；else rm -f ". deps/hello. Tpo"；

exit 1；fi

Gcc -g -O2 -o hello hello. o

make[1]：Entering directory '/root/workplace/automake'

test -z "/usr/local/bin" || mkdir -p-- "/usr/local/bin"

/usr/bin/install -c 'hello' '/usr/local/bin/hello'

make［1］：Nothing to be done for 'install-data-am'.

make［1］：LeaVing directory '/root/workplace/automake'

3. make clean

此时,make 会清除之前所编译的可执行文件及目标文件(object file, *.o),如下:

［root@ localhost automake］# make clean

test -z "hello" || rm -f hello

rm -f *.o

4. make dist

此时,make 将程序和相关的文档打包为一个压缩文档以供发布,如下:

［root@ localhost automake］# make dist

［root@ localhost automake］# ls hello-1.0-tar.gz

hello-1.0-tar.gz

由上面的过程不难看出,autotools 确实是软件维护与发布的必备工具,鉴于此,如今 GUN 的软件一般都是由 automake 来制作的。

【练一练】

编写一个打印 3 000 ~ 5 000 素数的程序,利用 autotools 工具生成 makefile,并发布该程序,程序命名为 test,版本为 1.1。

项目五　嵌入式多任务及 I/O 应用

任务一　"生产者-消费者"程序应用

【任务目的】

通过搭建交叉编译平台,了解交叉编译环境的特点及建立嵌入式交叉编译环境的意义,掌握交叉编译环境搭建方法。

【任务要求】

1. 了解 pthread.c 的源代码。
2. 熟悉几个重要的 pthread 库函数的使用。
3. 掌握共享锁和信号量的使用方法。

【任务分析】

该任务为著名的生产者——消费者问题模型的实现,主程序中分别启动生产者线程和消费者线程。生产者线程不断顺序地将 0 ~1 000 的数字写入共享的循环缓冲区,同时,消费者线程不断地从共享的循环缓冲区读取数据。结构流程图如图 5-1 所示。

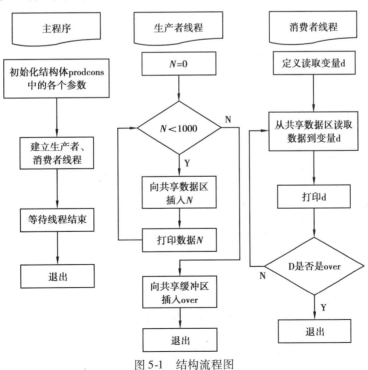

图 5-1　结构流程图

主要函数分析如下：

生产者首先要获得互斥锁,并且判断写指针 +1 后是否等于读指针,如果相等则进入等待状态,等候条件变量 notfull;如果不等则向缓冲区中写一个整数,并且设置条件变量为 notempty,最后释放互斥锁。消费者线程与生产者线程类似。程序流程图如图 5-2 所示。

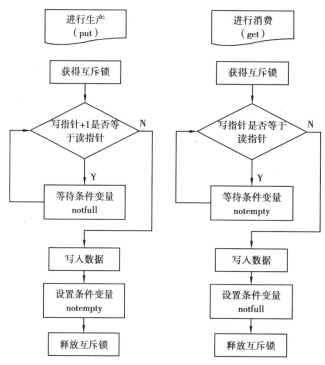

图 5-2　程序流程图

(1)生产者写入共享的循环缓冲区函数 put

```
void put(struct prodcons * b, int data)
{
pthread_mutex_lock(&b->lock);                              // 获取互斥锁
while ((b->writepos + 1) % BUFFER_SIZE == b->readpos) {
// 如果读写位置相同
    pthread_cond_wait(&b->notfull, &b->lock);
// 等待状态变量 b->notfull,不满则跳出阻塞
    }
    b->buffer[b->writepos] = data;                          //写入数据
    b->writepos ++;
      if (b->writepos >= BUFFER_SIZE) b->writepos = 0;
    pthread_cond_signal(&b->notempty);                     //设置状态变量
pthread_mutex_unlock(&b->lock);                            // 释放互斥锁
}
```

(2)消费者读取共享的循环缓冲区函数 get

```
int get(struct prodcons * b)
{
    int data;
    pthread_mutex_lock(&b->lock);                    // 获取互斥锁
        while (b->writepos == b->readpos) {          // 如果读写位置相同
        pthread_cond_wait(&b->notempty, &b->lock);
// 等待状态变量 b->notempty,不空则跳出阻塞,否则无数据可读。
        }
        data = b->buffer[b->readpos];                // 读取数据
        b->readpos++;
        if (b->readpos >= BUFFER_SIZE) b->readpos = 0;
        pthread_cond_signal(&b->notfull);            // 设置状态变量
        pthread_mutex_unlock(&b->lock);              // 释放互斥锁
        return data;
}
```

【任务实施】

启动虚拟机 Linux 操作系统,在终端命令命令行中进入 arm2410s/exp /basic/02_pthread 目录,使用 vi 阅读 pthread. c 源代码,并理解其含义,如图 5-3 所示。

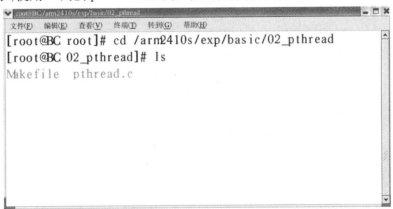

图 5-3　进入源代码所在目录

接着运行 make 产生 pthread 程序,如图 5-4 所示。

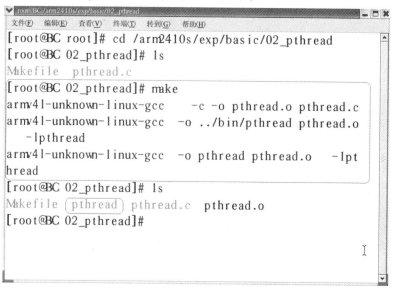

图 5-4　make 自动编译程序

切换到超级终端窗口,使用 NFS 服务 mount 开发主机的/arm2410s 到下位机的/host 目录,如图 5-5 所示。

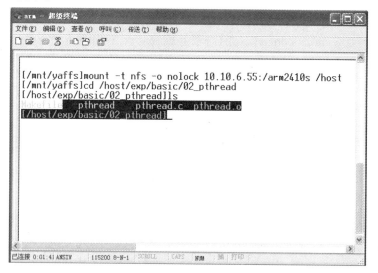

图 5-5　NFS 挂载程序

进入/host/exp/basic/pthread 目录后,运行 pthread,观察运行结果的正确性。运行程序最后一部分,结果如图 5-6 所示。

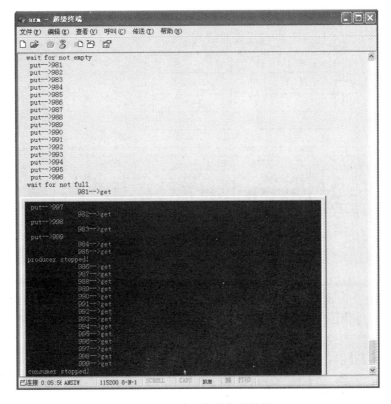

图 5-6　程序运行的部分结果

【任务小结】

通过该实验任务实施，了解多线程程序设计的基本原理。掌握 pthread 库函数的使用，同时进一步理解在 Linux 中多线程编程的步骤。

【知识点梳理】

多任务处理是指用户可以在同一时间内运行多个应用程序，每个应用程序被称为一个任务。Linux 就是一个支持多任务的操作系统，比起单任务系统它的功能增强了许多。

当多任务操作系统使用某种任务调度策略允许两个或更多进程并发共享一个处理器时，事实上处理器在某一时刻只会给一件任务提供服务。因为任务调度机制保证不同任务之间的切换速度十分迅速，因此给人多个任务同时运行的错觉。多任务系统中有 3 个功能单位：任务、进程和线程。

知识点一　Linux 下多任务概述

1. 任务

任务是一个逻辑概念，指由一个软件完成的活动，或者是一系列共同达到某一目的的

163

操作。通常一个任务是一个程序的一次运行,一个任务包含一个或多个完成独立功能的子任务,这个独立的子任务是进程或者是线程。

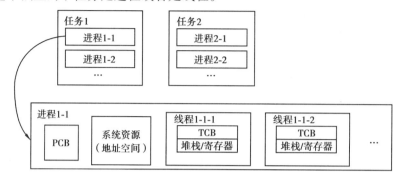

图 5-7　任务、进程和线程之间的关系

2. 进程

进程是指一个具有独立功能的程序在某个数据集合上的一次动态执行过程,它是系统进行资源分配和调度的基本单元。一次任务的运行可以并发激活多个进程,这些进程相互合作来完成该任务的一个最终目标。

（1）进程的特性

进程具有并发性、动态性、交互性、独立性和异步性等主要特性。

并发性:指的是系统中多个进程可以同时并发执行,相互之间不受干扰。

动态性:指的是进程都有完整的生命周期,而且在进程的生命周期内,进程的状态是不断变化的,另外,进程具有动态的地址空间（包括代码、数据和进程控制块等）。

交互性:指的是进程在执行过程中可能会与其他进程发生直接和间接的交互操作,如进程同步和进程互斥等,需要为此添加一定的进程处理机制。

独立性:指的是进程是一个相对完整的资源分配和调度的基本单位,各个进程的地址空间是相互独立的,只有采用某些特定的通信机制才能实现进程之间的通信。

异步性:指的是每个进程都按照各自独立的、不可预知的速度向前执行。

进程和程序是有本质区别的。程序是静态的一段代码,是一些保存在非易失性存储器的指令的有序集合,没有任何执行的概念;而进程是一个动态的概念,它是程序执行的过程,包括了动态创建、调度和消亡的整个过程,它是程序执行和资源管理的最小单位。

（2）进程的种类

Linux 系统中包括下面几种类型的进程:

交互式进程:这类进程经常与用户进行交互,因此要花很多时间等待用户的交互操作（键盘和鼠标操作等）。当接收到用户的交互操作之后,这类进程应该很快被运行,而且响应时间的变化也应该要小,否则用户觉得系统反应迟钝或者不太稳定。典型的交互式进程有 shell 命令进程、文本编辑器和图形应用程序运行等。

批处理进程:这类进程不必与用户进行交互,因此经常在后台运行。因为这类进程通常不必很快地响应,因此往往受到调度器的怠慢。典型的批处理进程是编译器的编译操作、数据库搜索引擎等。

实时进程:这类进程通常对调度响应时间有很高的要求,一般不会被低优先级的进程阻塞。它们不仅要求很短的响应时间,而且更重要的是响应时间的变化应该很小。典型的实施程序有视频和音频的应用程序、实时数据采集系统程序等。

(3)Linux 下进程的结构

进程不但包括程序的指令和数据,而且包括程序计数器和处理器的所有寄存器以及存储临时数据的进程堆栈,从而正在执行的进程包括处理器当前的一切活动。

3. 线程

(1)线程的概念

它是进程内独立的一条运行路线,处理器调度的最小单元,也可以被称为轻量级进程。线程可以对进程的内存空间和资源进行访问,并与同一进程中的其他线程共享。因此,线程的上下文切换的开销比创建进程小得多。

(2)线程的种类

在 Linux 系统中,线程可以分为以下 3 种。

● 用户级线程

用户级线程主要解决的是上下文切换的问题,它的调度算法和调度过程全部由用户自行选择决定,在运行时不需要特定的内核支持。在这里,操作系统往往会提供一个用户空间的线程库,该线程库提供了线程的创建、调度和撤销等功能,而内核仍然仅对进程进行管理。如果一个进程中的某一个线程调用了一个阻塞的系统调用函数,那么,该进程包括该进程中的其他所有线程也同时被阻塞。这种用户级线程的主要缺点是在一个进程中的多个线程的调度中无法发挥多处理器的优势。

● 轻量级进程

轻量级进程是内核支持的用户线程,是内核线程的一种抽象对象。每个线程拥有一个或多个轻量级线程,而每个轻量级线程分别被绑定在一个内核线程上。

● 内核线程

这种线程允许不同进程中的线程按照同一相对优先调度方法进行调度,这样就可以发挥多处理器的并发优势。

知识点二　进程间通信

Linux 下的进程通信手段基本上是从 Unix 平台上的进程通信手段继承而来的,它集合了 System V IPC(贝尔实验室)和 Socket 的进程间通信机制(BSD)的优势,具体如下:

Unix 进程间通信(IPC)方式包括管道、FIFO 以及信号。

System V 进程间通信(IPC)包括 System V 消息队列、System V 信号量以及 System V 共享内存区。

Posix 进程间通信(IPC)包括 Posix 消息队列、Posix 信号量以及 Posix 共享内存区。

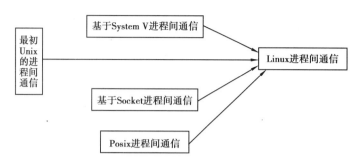

图 5-8　进程间通信

常用的进程间通信机制如下：

●管道（Pipe）及有名管道（named pipe）：管道可用于具有亲缘关系进程间的通信。有名管道，除具有管道所具有的功能外，它还允许无亲缘关系进程间的通信。

●信号（Signal）：信号是在软件层次上对中断机制的一种模拟，它是比较复杂的通信方式，用于通知进程有某事件发生，一个进程收到一个信号与处理器收到一个中断请求效果上可以说是一样的。

●消息队列（Messge Queue）：消息队列是消息的链接表，包括 Posix 消息队列 System V 消息队列。它克服了前两种通信方式中信息量有限的缺点，具有写权限的进程可以按照一定的规则向消息队列中添加新消息；对消息队列有读权限的进程则可以从消息队列中读取消息。

●共享内存（Shared Memory）：可以说这是最有效的进程间通信方式。它使得多个进程可以访问同一块内存空间，不同进程可以及时看到对方进程中对共享内存中数据的更新。这种通信方式需要依靠某种同步机制，如互斥锁和信号量等。

●信号量（Semaphore）：主要作为进程之间以及同一进程的不同线程之间的同步和互斥手段。

●套接字（Socket）：这是一种更为一般的进程间通信机制，它可用于网络中不同机器之间的进程间通信，应用非常广泛。

知识点三　多线程编程

1.线程基本编程

（1）主要的多线程 API

在本任务的代码中大量地使用了线程函数，如 pthread_cond_signal，pthread_mutex_init，pthread_mutex_lock 等，这些函数的作用及定义位置如下：

线程创建函数：

int pthread_create（pthread_t ＊ thread_id，__const pthread_attr_t ＊ __attr，void ＊（＊__start_routine）（void ＊），void ＊ __restrict __arg）

获得父进程 ID：

pthread_t pthread_self（void）

测试两个线程号是否相同：

int pthread_equal（pthread_t __t hread1，pthread_t __thread2）

线程退出：

void pthread_exit（void ＊ __retval）

等待指定的线程结束：

int pthread_join（pthread_t __th，void ＊ ＊ __thread_return）

互斥量初始化：

pthread_mutex_init（pthread_mutex_t ＊，__const pthread_mutexattr_t ＊）

销毁互斥量：

int pthread_mutex_destroy（pthread_mutex_t ＊ __mutex）

再试一次获得对互斥量的锁定（非阻塞）：

int pthread_mutex_trylock（pthread_mutex_t ＊ __mutex）

锁定互斥量（阻塞）：

int pthread_mutex_lock（p thread_mutex_t ＊ __mutex）

解锁互斥量：

int pthread_mutex_unlock（p thread_mutex_t ＊ __mutex）

条件变量初始化：

int pthread_cond_init（pthread__cond_t ＊ __restrict _cond，__const pthread_condattr_t ＊ __restrict __cond_attr）

销毁条件变量 COND：

int pthread_cond_destroy（pthread_cond_t ＊ __cond）

唤醒线程等待条件变量：

int pthread_cond_signal（pthread_cond_t ＊ __cond）

等待条件变量（阻塞）：

int pthread_cond_wait（pthread_cond_t ＊ __restrict __cond，pthread_mutex_t ＊ _restrict __mutex）

在指定的时间到达前等待条件变量：

int pthread_cond_timedwait（p thread_cond_t ＊ __restrict __cond，pthread_mutex_t ＊ __restrict __mutex，　　__const struct timespec ＊ __restrict __abstime）

PTHREAD 库中还有大量的 API 函数，下面对几个比较重要的函数作一下详细的说明：

创建线程实际上就是确定调用该线程函数的入口点，这里通常使用的函数是pthread_create（），其函数语法见表5-1。

表 5-1　phtread_create( )函数语法

所需头文件	#include < pthread. h >
函数原型	Int pthread_create((pthread_t * thread_pthread_attr_t * attr, Void * (* start_rou-tine) (void *) , void * arg))
函数传入值	Thread:线程标志符
	attr:线程属性设置(其具体设置见后),通常取为 NULL
	Strat_routine:线程函数的起始地址,是一个以指向 void 的指针为参数和返回值的函数指针
	Arg:传递函数 start_routine 的参数
函数返回值	成功:0
	出错:返回错误码

在线程创建之后,就开始运行相关的线程函数,在该函数运行完之后,该线程也就退出,这也是线程退出的一种方法。另一种退出线程的方法是使用函数 pthread_exit( ),这是线程的主动行为。pthread-exit( )函数语法见表 5-2。

表 5-2　phtread_exit( )函数语法

所需头文件	#include < pthread. h >
函数原型	Void pthread_exit(void * retval)
函数传入值	revatl:线程结束时的返回值,可由其他函数如 pthread_join( )来获取

pthread_join( )可以用于将当前线程挂起来等待线程的结束。这个函数是一个线程阻塞的函数,调用它的函数将一直等待到被等待的线程结束为止,当函数返回时,被等待线程的资源就被收回。pthread-join( )函数语法见表 5-3。

表 5-3　phtread_join( )函数语法

所需头文件	#include < pthread. h >
函数原型	int pthread_join((pthread_t th, void * * thread_return))
函数传入值	th:等待线程的标志符
	thread_retum:用户定义的指针,用来存储被等待线程结束的返回值(不为 NULL 时)
函数返回值	成功:0
	出错:返回错误码

pthread_cancel( )向其他线程发送终止信号,但在被取消的线程的内部需要调用pthread_setcancel( )函数和 pthread_setcanceltype( )函数设置自己的取消状态。pthread_ cancel( )函数的语法见表 5-4。

表 5-4　phtread_cancel( )函数语法

所需头文件	#include < pthread. h >
函数原型	int pthread_cancel((pthread_t th))
函数传入值	th:要取消的线程标志符
函数返回值	成功:0
	出错:返回错误码

（2）函数调用实例

在使用 pthread_create 函数时,通常可以将所要传递给线程函数的参数写成一个结构体,传入到该函数中。pthread_join 函数则使用 pthread_create 函数的 id 等待线程退出,该函数调用源码如下:

```
void thread( void)
{ / * 具体线程函数 * /
}
/ * 主函数中创建线程 * /
ret = pthread_create( &id,NULL,( void  * ) thread,NULL) ;
/ * 等待线程结束 * /
pthread_join( id,NULL) ;    //   不处理子线程退出时返回的值
```

2. 线程之间的同步和互斥

（1）互斥锁线程控制

互斥锁是用一种简单的加锁方法来控制对共享资源的原子操作。

互斥锁只有两种状态,也就是上锁和解锁,可以把互斥锁看作某种意义上的全局变量。

在同一时刻只能有一个线程掌握某个互斥锁,拥有上锁状态的线程能够对共享资源进行操作。若其他线程希望上锁一个已经被上锁的互斥锁,则该线程就会挂起,直到上锁的线程释放掉互斥锁为止。

互斥锁机制主要包括下面的基本函数。

互斥锁初始化:pthread_mutex_init( )（语法见表 5-5）

表 5-5　pthread_mutex_init( )函数语法

所需头文件	#include < pthread. h >
函数原型	int pthread_mutex_init(pthread_mutex_t * mutex,constphread_mutexattr_t * mutexattr)
函数传入值	Mutex:互斥锁

续表

函数传入值	mutexattr	PTHREAD_MUTEX_INITLALIZER:创建快速互斥锁
		PTHREAD_RECURSIVE_MUTEX_ INITLALIZER_NP:创建递归互斥锁
		PTHREAD_ERRORCHECK_ MUTEX_ INITLALIZER_NP:创建检错互斥锁
函数返回值	成功:0	
	出错:返回错误码	

互斥锁上锁:pthread_mutex_lock()(语法见表5-6)

表5-6　pthread_mutex_lock()函数语法

所需头文件	#include < pthread. h >
函数原型	int pthread_mutex_lock(pthread_mutex_t * mutex,)
	int pthread_mutex_trylock(pthread_mutex_t * mutex,)
	int pthread_mutex_unlock(pthread_mutex_t * mutex,)
	int pthread_mutex_destroy(pthread_mutex_t * mutex,)
函数传入值	Mutex:互斥锁
函数返回值	成功:0
	出错: - 1

互斥锁判断上锁:pthread_mutex_trylock(),该函数调用在参数 mutex 指定的 mutex 对象当前被锁住的时候立即返回,除此之外,它跟 pthread_mutex_lock()功能完全一样。

互斥锁解锁:pthread_mutex_unlock(),该函数释放有参数 mutex 指定的 mutex 对象的锁。如果被释放取决于该 Mutex 对象的类型属性。如果有多个线程为了获得该 mutex 锁阻塞,调用 pthread_mutex_unlock()将是该 mutex 可用,一定的调度策略将被用来决定哪个线程可以获得该 mutex 锁。

消除互斥锁:pthread_mutex_destroy(),其中 mutex 指向要销毁的互斥锁的指针,互斥锁销毁函数在执行成功后返回 0,否则返回错误码。

互斥锁可以分为快速互斥锁、递归互斥锁和检错互斥锁。这三种锁的区别主要在于其他未占有互斥锁的线程在希望得到互斥锁时是否需要阻塞等待。快速锁是指调用线程会阻塞直至拥有互斥锁的线程解锁为止。递归互斥锁能够成功地返回,并且增加调用线程在互斥上加锁的次数,而检错互斥锁则为快速互斥锁的非阻塞版本,它会立即返回并返回一个错误信息。默认属性为快速互斥锁。

(2)信号量线程控制

信号量也就是操作系统中所用到的 PV 原子操作,它广泛用于进程或线程间的同步与互斥。信号量本质上是一个非负的整数计数器,它被用来控制对公共资源的访问。

PV 原子操作是对整数计数器信号量 sem 的操作。一次 P 操作使 sem 减 1,而一次 V 操作使 sem 加 1。进程(或线程)根据信号量的值来判断是否对公共资源具有访问权限。当信号量 sem 的值大于等于零时,该进程(或线程)具有公共资源的访问权限;相反,当信号量 sem 的值小于零时,该进程(或线程)就将阻塞直到信号量 sem 的值大于等于 0 为止。PV 原子操作主要用于进程或线程间的同步和互斥这两种典型情况。

Linux 实现了 Posix 的无名信号量,主要用于线程间的互斥与同步。这里主要介绍几个常见函数。

sem_init( )用于创建一个信号量,并初始化它的值,其语法见表 5-7。

表 5-7　sem_init( )函数语法

所需头文件	#include < semaphore. h >
函数原型	int sem_init(sem_t ∗ sem,int pshared,unsigned int value)
函数传入值	Sem: 信号量指针
	pshared:决定信号量能否在几个进程间共享。由于目前 Linux 还没有实现进程间共享信号量,所以这个值只能取 0,就表示这个信号量是当前进程的局部信号量
	Value:信号量初始化值
函数返回值	成功:0
	出错: − 1

sem_wait( )和 sem_trywait( )都相当于 P 操作,在信号量大于 0 时它们都能将信号量的值减 1,两者的区别在于若信号量小于 0 时,sem_wait( )将会阻塞进程,而sem_trywait( )则会立即返回。sem-wait( )函数语法见表 5-8。

sem_post( )相当于 V 操作,它将信号量的值加 1 同时发出信号来唤醒等待的进程。

sem_getvalue( )用于得到信号量的值。

sem_destroy( )用于删除信号量。

表 5-8　sem_wait( )函数语法

所需头文件	#include < pthread. h >
函数原型	int sem_wait(sem_t ∗ sem) int sem_tywait(sem_t ∗ sem) int sem_post(sem_t ∗ sem) int sem_getvalue(sem_t ∗ sem) int sem_destroy(sem_t ∗ sem)
函数传入值	sem: 信号量指针
函数返回值	成功:0
	出错: − 1

3.线程属性及函数

pthread_create()函数的第二个参数(pthread_attr_t ∗ attr)表示线程的属性。如果该值设为 NULL,就是采用默认属性,线程的多项属性都是可以更改的。这些属性主要包括绑定属性、分离属性、堆栈地址、堆栈大小以及优先级。其中系统默认的属性为非绑定、非分离、缺省 1 M 的堆栈以及与父进程同样级别的优先级。

● 绑定属性

绑定属性就是指一个用户线程固定地分配给一个内核线程,因为 CPU 时间片的调度是面向内核线程(也就是轻量级进程)的,因此具有绑定属性的线程可以保证在需要的时候总有一个内核线程与之对应。而与之对应的非绑定属性就是指用户线程和内核线程的关系不是始终固定的,而是由系统来控制分配的。

● 分离属性

分离属性是用来决定一个线程以什么样的方式来终止自己。

(1)pthread_attr_init()函数

pthread_attr_init()函数对属性进行初始化,其语法见表5-9。

表 5-9　pthread_attr_init()函数语法

所需头文件	#include < pthread. h >
函数原型	int pthread_attr_init(pthread_attr_ ∗ attr)
函数传入值	attr:线程属性结构指针
函数返回值	成功:0
	出错:返回错误码

(2)pthread_attr_setscope()函数

pthread_attr_setscope()函数设置线程绑定属性,其语法见表5-10。

表 5-10　pthread_attr_setscope()函数语法

所需头文件	#include < pthread. h >	
函数原型	int pthread_attr_setscope(pthread_attr ∗ attr, int scope)	
函数传入值	attr:线程属性结构指针	
	scope	PTHREAD_SCOPE_SYSTEM:绑定
		PTHREAD_SCOPE_PROCESS:非绑定
函数返回值	成功:0	
	出错: − 1	

(3)pthread_attr_setdetachstate()

pthread_attr_setdetachstate()函数设置分离属性,其语法见表5-11。

表 5-11　pthread_attr_setdetachstate( ) 函数语法

所需头文件	#include < pthread. h >	
函数原型	int pthread_attr_setscope(pthread_attr_t * attr, int detachstae)	
函数传入值	attr:线程属性	
	detachstae	PTHREAD_CREATE_DETACHED:分离
		PTHREAD_ CREATE _JOINABLE:非分离
函数返回值	成功:0	
	出错:返回错误码	

（4）pthread_attr_getschedparam( )

pthread_attr_getschedparam( )函数获得线程优先级,其语法见表 5-12。

表 5-12　pthread_attr_getschedparam( ) 函数语法

所需头文件	#include < pthread. h >
函数原型	int pthread_attr_getschedparam(pthread_attr_t * attr, structsched_param * param)
函数传入值	attr:线程属性结构指针
	param:线程优先级
函数返回值	成功:0
	出错:返回错误码

（5）pthread_attr_setschedparam( )

pthread_attr_setschedparam( )函数设置线程优先级,其语法见表 5-13。

表 5-13　pthread_attr_setschedparam( ) 函数语法

所需头文件	#include < pthread. h >
函数原型	int pthread_attr_getschedparam(pthread_attr_t * attr, struct sched_param * param)
函数传入值	attr:线程属性结构指针
	param:线程优先级
函数返回值	成功:0
	出错:返回错误码

【想一想】

1.什么叫多任务系统? 任务、进程、线程分别是什么? 它们之间有何区别?

2.讲述 Linux 下进程管理机制的工作原理,然后思考 Linux 中进程处理和嵌入式 Linux 中的进程处理会有什么区别?

3. 将一个多线程程序改写成多进程程序,对两者加以比较,有何结论?

任务二　串行通信程序应用

任务目的

1. 了解在 Linux 环境下串行程序设计的基本方法。

2. 熟悉终端 I/O 函数的使用。

3. 掌握终端的主要属性及设置方法。

【任务要求】

1. 读懂 term. c 与 tty. c 程序源代码。

2. 理解终端 I/O 函数的使用方法。

3. 掌握将多线程编程应用到串口的接收和发送程序设计方法。

【任务分析】

本任务要用到串口通信设备,因此要对串口进行设置。最基本的设置串口包括波特率设置、效验位和停止位设置。串口的设置主要是设置 struct termios 结构体的各成员值,关于该结构体的定义可以查看/arm2410s/kernel-2410s/include/asm/termios. h 文件。

```
struct termio
{
unsigned short   c_iflag;              /* 输入模式标志 */
unsigned short   c_oflag;              /* 输出模式标志 */
unsigned short   c_cflag;              /* 控制模式标志 */
unsigned short   c_lflag;              /* local mode flags */
unsigned char    c_line;               /* line discipline */
unsigned char    c_cc[NCC];            /* control characters */
};
```

波特率设置

下面是修改波特率的代码:

```
struct   termios Opt;
tcgetattr(fd, &Opt);
cfsetispeed(&Opt,B19200);              /* 设置为 19200Bps */
cfsetospeed(&Opt,B19200);
tcsetattr(fd,TCANOW,&Opt);
```

校验位和停止位的设置:

无效验 8 位:

Option. c_cflag & = ~PARENB;

Option. c_cflag & = ~CSTOPB;

Option. c_cflag & = ~CSIZE;

Option. c_cflag | = ~CS8;

奇效验(Odd) 7 位:

Option. c_cflag | = ~PARENB;

Option. c_cflag & = ~PARODD;

Option. c_cflag & = ~CSTOPB;

Option. c_cflag & = ~CSIZE;

Option. c_cflag | = ~CS7;

偶效验(Even) 7 位:

Option. c_cflag & = ~PARENB;

Option. c_cflag | = ~PARODD;

Option. c_cflag & = ~CSTOPB;

Option. c_cflag & = ~CSIZE;

Option. c_cflag | = ~CS7;

Space 效验 7 位:

Option. c_cflag & = ~PARENB;

Option. c_cflag & = ~CSTOPB;

Option. c_cflag & = & ~CSIZE;

Option. c_cflag | = CS8;

设置停止位:

1 位:

options. c_cflag & = ~CSTOPB;

2 位:

options. c_cflag | = CSTOPB;

注意:如果不是开发终端之类的,只是串口传输数据,而不需要串口来处理,那么使用原始模式(Raw Mode)方式来通信,设置方式如下:

options. c_lflag　& = ~(ICANON | ECHO | ECHOE | ISIG);　　　/* Input */

options. c_oflag　& = ~OPOST;　　　　　　　　　　　　　/* Output */

读写串口:

设置好串口之后,读写串口就很容易了,把串口当做文件读写即可。

发送数据:

char　　buffer[1024];

int　　Length = 1024;

int　　nByte;

nByte = write(fd, buffer, Length)

读取串口数据:

使用文件操作 read 函数读取,如果设置为原始模式(Raw Mode)传输数据,那么 read 函数返回的字符数是实际串口收到的字符数,可以使用操作文件的函数来实现异步读取,如 fcntl 或者 select 等来操作。

char　　buff[1024];

int　　　Len = 1024;

int　　　readByte = read(fd, buff, Len);

关闭串口:

关闭串口就是关闭文件。

close(fd);

后续对代码进行编译,并下载到实验箱运行,即可显示该任务的最终结果。

本任务的程序流程如图 5-9 所示。

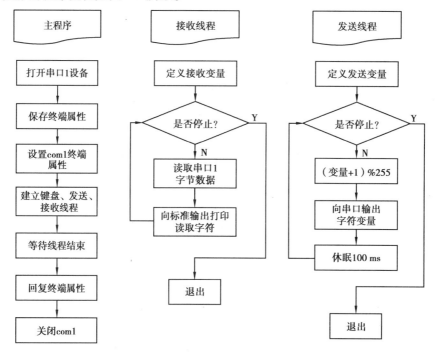

图 5-9　程序流程图

【任务实施】

(1)查看源代码

在终端命令命令行中进入 arm2410s/exp/basic/03_tty 目录,使用 cat 命令阅读 term.c 和 tty.c 源代码,并理解其含义,如图 5-10 所示。

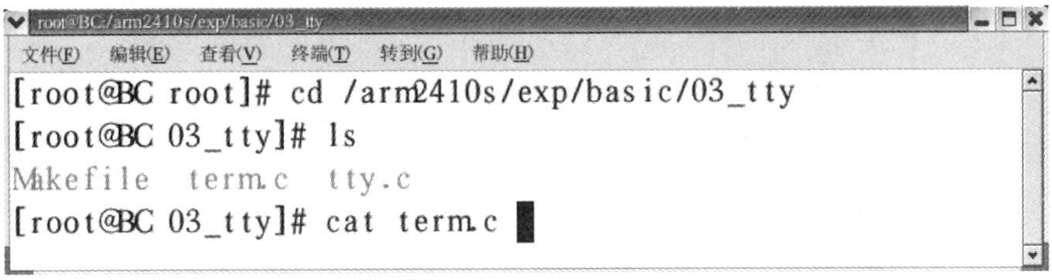

```
[root@BC root]# cd /arm2410s/exp/basic/03_tty
[root@BC 03_tty]# ls
Makefile  term.c  tty.c
[root@BC 03_tty]# cat term.c
```

图 5-10　进入源代码目录

（2）编译应用程序

运行 make 产生 term 程序，如图 5-11 所示。

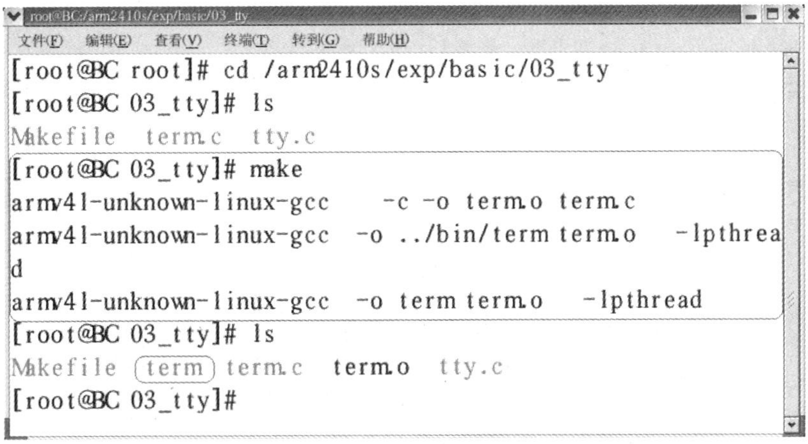

```
[root@BC root]# cd /arm2410s/exp/basic/03_tty
[root@BC 03_tty]# ls
Makefile  term.c  tty.c
[root@BC 03_tty]# make
armv4l-unknown-linux-gcc   -c -o term.o term.c
armv4l-unknown-linux-gcc   -o ../bin/term term.o  -lpthrea
d
armv4l-unknown-linux-gcc   -o term term.o  -lpthread
[root@BC 03_tty]# ls
Makefile  term  term.c  term.o  tty.c
[root@BC 03_tty]#
```

图 5-11　make 自动编译

（3）下载调试

切换到超级终端窗口，使用 NFS 服务 mount 开发主机的/arm2410s 到下位机的/host 目录，如图 5-12 所示。

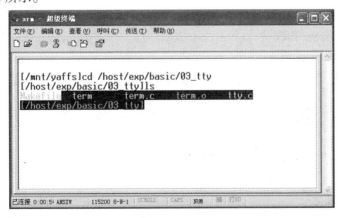

图 5-12　NFS 挂载程序

进入/host/exp/basic/03_tty 目录，运行 term，观察运行结果的正确性，如图 5-13 所示。

图 5-13　运行程序

运行程序时,显示无/dev/ttyS0 这个设备,可以通过建立一个符号连接来解决,如图 5-14 所示。

图 5-14　创建串口的符号链接

以上问题解决后,再次进入/host/exp/basic/03_tty 目录,运行 term,观察运行结果的正确性,如图 5-15 所示。

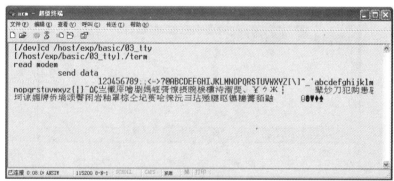

图 5-15　程序运行结果

小提示：

由于内核已经将串口 1 作为终端控制台,所以可看到 term 发出的数据,却无法看到开发主机发来的数据,可以使用另外一台主机连接串口 2 进行收发测试。按"Ctrl + C"可使程序强行退出。

【任务小结】

通过本任务实施,了解在 Linux 环境下串行程序设计的基本方法,掌握终端的主要属性及设置方法,熟悉终端 I/O 函数的使用,同时学习使用多线程来完成串口的收发处理。

【知识点梳理】

知识点一　Linux 系统调用及用户编程接口

1. 系统调用

系统调用是指操作系统提供给用户程序调用的一组"特殊"接口,用户程序可以通过这组"特殊"接口获得操作系统内核提供的服务。例如,用户可以通过进程控制相关的系统调用来创建进程、实现进程之间的通信等。

在 Linux 中,为了更好地保护内核空间,将程序的运行空间分为内核空间和用户空间(也就是常称的内核态和用户态),它们分别运行在不同的级别上,逻辑上是相互隔离的。

因此,用户进程在通常情况下不允许访问内核数据,也无法使用内核函数,它们只能在用户空间操作用户数据,调用用户空间的函数。

但是,在有些情况下,用户空间的进程需要获得一定的系统服务(调用内核空间程序),这时操作系统就必须利用系统提供给用户的"特殊接口"——系统调用规定用户进程进入内核空间的具体位置。进行系统调用时,程序运行空间需要从用户空间进入内核空间,处理完后再返回到用户空间。

2. 用户编程接口

在 Linux 中,用户编程接口(API)遵循了在 Unix 中最流行的应用编程界面标准——POSIX 标准。POSIX 标准是由 IEEE 和 ISO/IEC 共同开发的标准系统。该标准基于当时现有的 Unix 实践和经验,描述了操作系统的系统调用编程接口(实际上就是 API),用于保证应用程序可以在源代码一级上在多种操作系统上移植运行。这些系统调用编程接口主要是通过 C 库(libc)实现的。

3. 系统命令

系统命令相对 API 更高了一层,实际上它是一个可执行程序,其内部引用了用户编程接口(API)来实现相应的功能,它们之间的关系如图 5-16 所示。

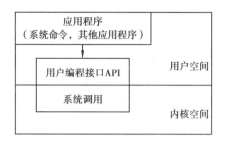

图 5-16　用户编程接口 API 逻辑结构

知识点二　Linux 文件 I/O 系统概述

1. 虚拟文件系统

Linux 系统成功的关键因素之一就是具有与其他操作系统和谐共存的能力。Linux 的文件系统由两层结构构建:第一层是虚拟文件系统(VFS);第二层是各种不同的具体的文件系统,如图 5-17 所示。

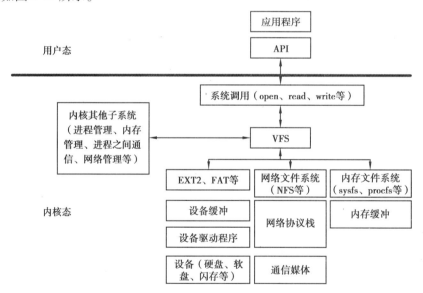

图 5-17　VFS 在 Linux 内核中的位置

VFS 就是把各种具体的文件系统的公共部分抽取出来,形成一个抽象层,是系统内核的一部分。它位于用户程序和具体的文件系统之间,对用户程序提供了标准的文件系统调用接口。对具体的文件系统,通过一系列对不同文件系统公用的函数指针来调用具体的文件系统函数,完成实际的操作。任何使用文件系统的程序必须经过这层接口来使用它。通过这样的方式,VFS 就对用户屏蔽了底层文件系统实现上的细节和差异。

VFS 不仅可以对具体文件系统的数据结构进行抽象,以统一的方式进行管理,还可以接受用户层的系统调用,例如:write、open、stat、link 等。此外,它还支持不同文件系统之间的相互访问,接受内核其他子系统的操作请求。VFS 的功能如图 5-18 所示。

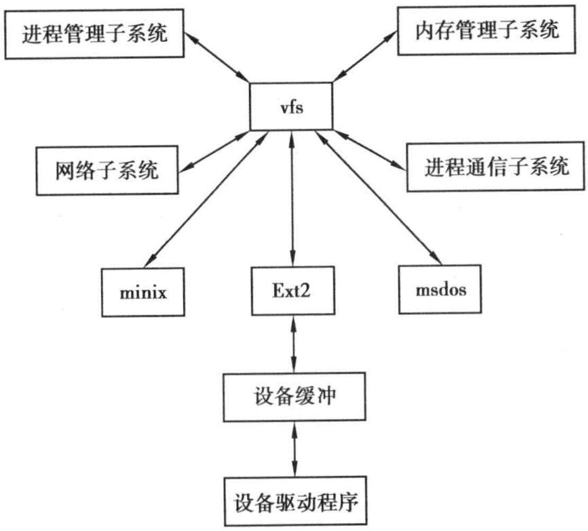

图 5-18　VFS 功能模型

VFS 的主要目的在于引入了一个通用的文件模型(Common File Model),这个模型的核心是 4 个对象类型,即:

- 超级块对象(Superblock Object)
- 索引节点对象(Inode Object)
- 文件对象(File Object)
- 目录项对象(Dentry Object)

它们都是内核空间中的数据结构,是 VFS 的核心,不管各种文件系统的具体格式是什么样的,都要和 VFS 的通用文件模型相交互。

2. 通用文件模型

通用的文件模型的核心是 4 个对象类型,即超级块对象、索引节点对象、文件对象和目录项对象,如图 5-19 所示。

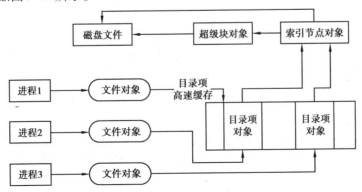

图 5-19　通用的文件模型

（1）超级块对象

超级块对象是用来描述整个文件系统的信息。VFS超级块是由各种具体的文件系统在安装时建立的，只存在于内存中。

（2）索引节点对象

索引节点对象由inode结构体表示，定义在文件＜linux/fs.h＞中 。每一个inode有一个索引节点号i_ino。在同一个文件系统中，每一个索引节点号是唯一的。Inode中还有两个设备号i_dev和i_rdev，分别代表主设备号和从设备号，文件系统中处理文件所需要的信息都放在索引节点对象里。文件名可以随时更改，但是索引节点是唯一的，一般索引节点有3种类型。

磁盘文件：狭义的磁盘上存储的文件、数据文件、进程文件。

设备文件：同样有组织管理的信息、目录项信息，不一定有数据块（文件内容），主要的是文件操作。

特殊节点：一般和存储介质没有关系，它们可能是由CPU在内存中动态生成的。

（3）目录项对象

在VFS中，目录也属于文件。路径中的每个组成部分都由一个索引节点对象表示。VFS经常需要执行和目录相关的操作，VFS引入了目录项的概念。

每一个文件除了有一个索引节点对象外，还有一个目录项dentry结构。dentry结构描述的是逻辑意义上的文件，描述其逻辑意义上的属性，因此目录项对象在磁盘上并没有对应的映像。

（4）文件对象

VFS中的文件对象用于表示进程已打开的文件。

3. Linux 下的设备文件

在Linux操作系统下有两类主要的设备：一类是字符设备，另一类则是块设备。

字符设备是以字节为单位逐个进行I/O操作的设备。在对字符设备发出读写请求时，实际的硬件I/O紧接着就发生了，一般来说字符设备中的缓存是可有可无的，而且也不支持随机访问。

块设备则是利用一块系统内存作为缓冲区，当用户进程对设备进行读写请求时，驱动程序先查看缓冲区中的内容，如果缓冲区中的数据能满足用户的要求就返回相应的数据；否则，就调用相应的请求函数来进行实际的I/O操作。

块设备主要是针对磁盘等慢速设备设计的，其目的是避免耗费过多的CPU时间来等待操作的完成。

对于Linux而言，所有对设备和文件的操作都是使用文件描述符来进行的。文件描述符是一个非负的整数，它是一个索引值，并指向在内核中每个进程打开文件的记录表。当打开一个现存文件或创建一个新文件时，内核就向进程返回一个文件描述符；当需要读写文件时，也需要把文件描述符作为参数传递给相应的函数。

当一个进程启动时，都会打开3个文件：标准输入、标准输出和标准出错处理，见表5-14。

表 5-14　文件描述符

	文件描述符	宏
标准输入	0	STDIN_FILENO
标准输出	1	STDOUT_FILENO
标准出错	2	STDERR_FILENO

知识点三　嵌入式 Linux 串口应用编程

1. 串口概述

串行通信是指利用一条传输线将数据以 bit 为单位顺序传送。特点是通信线路简单，利用简单的线缆就可实现通信，降低成本，适用于传输距离长且传输速度较慢的通信。

串口是计算机的一种常用的接口，常用的串口有 RS-232-C 接口。

2. 串口配置

串口设置主要是设置 struct termios 结构体的各个成员，该结构体如下：

```
#include  < termios. h >
struct termios
{
  unsigned short   c_iflag;        / * 输入模式标志 * /
  unsigned short   c_oflag;        / * 输出模式标志 * /
  unsigned short   c_cflag;        / * 控制模式标志 * /
  unsigned short   c_lflag;        / * 本地模式标志 * /
  unsigned char    c_line;         / * 线路规程 * /
  unsigned char    c_cc[NCC];      / * 控制特性 * /
  speed_t          c_ispeed;       / * 输入速度 * /
  speed_t          c_ospeed;       / * 输出速度 * /
};
```

（1）保存原先串口设置

为了安全起见和以后调试程序方便，可以先保存原先串口的配置，在这里可以使用函数 tcgetattr(fd, &old_cfg)。该函数得到由 fd 指向的终端的配置参数，并将它们保存于 termios 结构变量 old_cfg 中。该函数还可以测试配置是否正确、该串口是否可用等。若调用成功，函数返回值为 0，若调用失败，函数返回值为 −1。

示例：

```
if    (tcgetattr(fd, &old_cfg)! =0)
{
perror("tcgetattr");
return -1;
}
```

（2）激活选项

CLOCAL 和 CREAD 分别用于本地连接和接受使能，因此，首先要通过位掩码的方式激活这两个选项。

```
newtio. c_cflag   | =   CLOCAL | CREAD;
```

调用 cfmakeraw( )函数可以将终端设置为原始模式，在后面的实例中，采用原始模式进行串口数据通信。

```
cfmakeraw( &new_cfg) ;
```

（3）设置波特率

设置波特率有专门的函数，用户不能直接通过位掩码来操作。设置波特率的主要函数有：cfsetispeed( )和 cfsetospeed( )。

示例：

```
cfsetispeed( &new_cfg, B117700) ;
cfsetospeed( &new_cfg, B117700) ;
```

（4）设置字符大小

与设置波特率不同，设置字符大小并没有现成可用的函数，需要用位掩码。一般首先去除数据位中的位掩码，再重新按要求设置。

示例：

```
new_cfg. c_cflag & =   ~CSIZE; / * 用数据位掩码清空数据位设置 */
new_cfg. c_cflag | =   CS8;
```

（5）设置奇偶校验位

设置奇偶校验位需要用到 termios 中的两个成员：c_cflag 和 c_iflag。首先要激活 c_cflag中的校验位使能标志 PARENB 和是否要进行校验，这样会对输出数据产生校验位，而输入数据进行校验检查。同时还要激活 c_iflag 中的对于输入数据的奇偶校验使能（INPCK）。

示例：

奇校验：

```
new_cfg. c_cflag | = (PARODD | PARENB) ;
new_cfg. c_iflag | = INPCK;
```

偶校验：

```
new_cfg. c_cflag | = PARENB;
new_cfg. c_cflag & =   ~PARODD;
new_cfg. c_iflag | = INPCK;
```

（6）设置停止位

设置停止位是通过激活 c_cflag 中的 CSTOPB 而实现的。若停止位为一个,则清除 CSTOPB,若停止位为两个,则激活 CSTOPB。

示例：

new_cfg. c_cflag & = ~ CSTOPB；　/∗ 将停止位设置为一个比特 ∗/

new_cfg. c_cflag | = CSTOPB；　/∗ 将停止位设置为两个比特 ∗/

（7）设置最少字符和等待时间

在对接收字符和等待时间没有特别要求的情况下,可以将其设置为 0,则在任何情况下 read( ) 函数立即返回,此时串口操作会设置为非阻塞方式。

示例：

new_cfg. c_cc[VTIME] = 0；

new_cfg. c_cc[VMIN] = 0；

（8）清除串口缓冲

由于串口在重新设置之后,需要对当前的串口设备进行适当的处理,这时就可调用在 < termios. h > 中声明的 tcdrain( )、tcflow( )、tcflush( ) 等函数来处理目前串口缓冲中的数据。

函数原型为：

int tcflush(int fd, int queue_selector)；/∗ 用于清空缓冲区 ∗/

tcflush( ) 函数,对于在缓冲区中的尚未传输的数据,或者收到的但是尚未读取的数据,其处理方法取决于 queue_selector 的值,它可能的取值有以下几种。

- TCIFLUSH：对接收到而未被读取的数据进行清空处理。
- TCOFLUSH：对尚未传送成功的输出数据进行清空处理。
- TCIOFLUSH：包括前两种功能,即对尚未处理的输入输出数据进行清空处理。

示例：

tcflush(fd, TCIFLUSH)；

（9）激活配置

在完成全部串口配置之后,要激活刚才的配置并使配置生效。这里用到的函数是 tcsetattr( ),它的函数原型是：

tcsetattr(int fd, int optional_actions, const struct termios ∗ termios_p)；

其中,参数 termios_p 是 termios 类型的新配置变量。参数 optional_actions 可能的取值有以下 3 种：

- TCSANOW：配置的修改立即生效。
- TCSADRAIN：配置的修改在所有写入 fd 的输出都传输完毕之后生效。
- TCSAFLUSH：所有已接受但未读入的输入都将在修改生效之前被丢弃。

该函数若调用成功则返回 0,若失败则返回 –1。

3.串口使用

（1）打开串口

使用 open 函数打开串口：

fd = open("/dev/ttyS0", O_RDWR|O_NOCTTY|O_NDELAY);

接下来可恢复串口的状态为阻塞状态，用于等待串口数据的读入，可用 fcntl()函数实现，如：

fcntl(fd, F_SETFL, 0);

再接着可以测试打开的文件描述符是否连接到一个终端设备，以进一步确认串口是否正确打开，如：

isatty(fd);

该函数调用成功则返回0,若失败则返回 -1。

（2）读写串口

使用 read/write 函数读写串口：

write(fd, buff, strlen(buff));

read(fd, buff, BUFFER_SIZE);

【练一练】

1.简述虚拟文件系统在 Linux 系统中的位置和通用文件系统模型。

2.底层文件操作和标准文件操作之间有哪些区别？

3.比较 select()函数和 poll()函数。然后使用多路复用函数实现3个串口的通信:串口1接收数据,串口7和串口3向串口1发送数据。

项目六　嵌入式 Linux 网络通信应用

任务一　嵌入式 Web 服务器应用

【任务目的】

1. 了解 TCP/IP 分层模型。
2. 理解 TCP/IP 核心协议。
3. 掌握套接字相关的 API 及应用。

【任务要求】

利用 PC 上位机与 UP-AMR2410-S 实验板连接,创建嵌入式 Web 服务器,通过 PC 浏览器测试其功能。

【任务分析】

HTTP 协议(HyperText Transfer Protocol,超文本传输协议)是用于从 WWW 服务器传输超文本到本地浏览器的传送协议。它可以使浏览器更加高效,使网络传输减少。它不仅保证计算机正确、快速地传输超文本文档,还确定传输文档中的哪一部分,以及哪部分内容首先显示(如文本先于图形)等。它是一个应用层协议,由请求和响应构成,是一个标准的客户端服务器模型。HTTP 是一个无状态的协议。本任务的实施主要包括以下几方面的说明。

(1)功能需求详细说明(如图 6-1 所示)

●获取服务器当前目录文件列表

将服务器当前目录下所有文件的信息发送给客户端,信息包括文件名、大小、日期。

●获取指定文件

将客户请求的文件发送给客户。

●获取 HTML 类型文件

将客户请求的 HTML 类型文件发送给客户。

●获取纯文本文件

将客户请求的纯文本发送给客户。

●获取 JPG 图像文件

将客户请求的 JPG 图像文件发送给客户。

●获取 GIF 图像文件

将客户请求的 GIF 图像文件发送给客户。

• 解析用户请求

分析客户的请求,将请求信息解析为几个变量,包括请求的命令、请求的文件名、请求的文件类型。

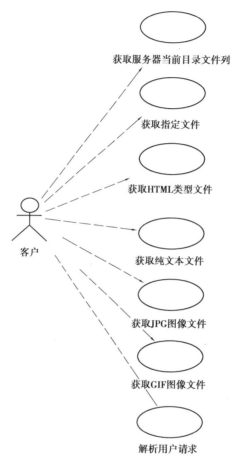

图 6-1　功能需求示意图

主程序:建立 TCP 类型 SOCKET 在 80 端口进行监听连接请求。接收到连接请求,将请求传送给连接处理模块处理,并继续进行监听。

系统的总入口,也是系统的主要控制函数。分别完成如下功能:

• 建立环境设置。
• 设置信号处理方式。
• 建立侦听 TCP 流方式 SOCKET 并绑定 80 端口。
• 建立连接侦听及客户连接处理调用主循环。

(2)数据需求

回应 HTTP 协议数据头格式要求,见表 6-1。数据流图如图 6-2 所示。

表6-1　回应 HTTP 协议数据头格式要求

行　号	字　段	内容举例
1	状态行	HTTP/1.0 200 OK
2	文件类型	Content-type：text/html
3	服务器信息	Server：ARMLinux-httpd 0.2.4
4	是否过期	Expires：0

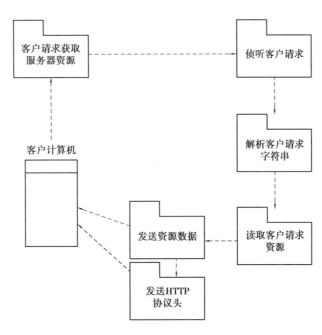

图6-2　数据流图

（3）主要函数说明

● 接口设计（客户连接处理）

函数名：int　HandleConnect(int fd)。

参数：客户连接文件描述字。

● 解析客户请求（见图6-3）

函数名：int　ParseReq(FILE ＊f, char ＊r)。

参数：参数1：文件流 FILE 结构指针,用于表示客户连接的文件流指针。

参数2：字符串指针,待解析的字符串。

● 发送 HTTP 协议数据头

函数名：int　PrintHeader(FILE ＊f, int content_type)。

参数：参数1：文件流 FILE 结构指针,用于表示客户连接的文件流指针。用于写入 HTTP 协议数据头信息。

参数2：信息类型,用于确定发送的 HTTP 协议数据头信息。

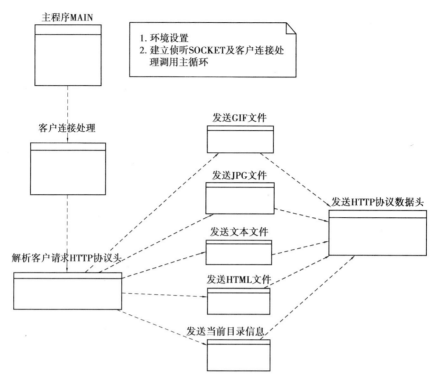

图 6-3 系统结构图

- 发送当前目录文件列表信息

函数名:int DoDir(FILE *f, char *name)。

参数:参数1:文件流 FILE 结构指针,用于表示客户连接的文件流指针。用于写入目录文件信息数据。

参数2:目录名,表示客户请求的目录信息。

- 发送 HTML 文件内容

函数名:int DoHTML(FILE *f, char *name)。

参数:参数1:文件流 FILE 结构指针,用于表示客户连接的文件流指针。用于写入文件信息数据。

参数2:客户请求的文件名。

- 发送纯文本(TXT)文件内容

函数名:int DoText(FILE *f, char *name)。

参数:参数1:文件流 FILE 结构指针,用于表示客户连接的文件流指针。用于写入文件信息数据。

参数2:客户请求的文件名。

- 发送 JPEG 图像文件内容

函数名:int DoJpeg(FILE *f, char *name)。

参数:参数1:文件流 FILE 结构指针,用于表示客户连接的文件流指针。用于写入文件信息数据。

参数 2:客户请求的文件名。

● 发送 GIF 图像文件内容

函数名:int　DoGif(FILE ∗f, char ∗name)。

参数:参数 1:文件流 FILE 结构指针,用于表示客户连接的文件流指针。用于写入文件信息数据。

参数 2:客户请求的文件名。

(4)发送 HTTP 协议数据头模块设计

主要功能是根据参数的不同,发送不同的 HTTP 协议头信息。

函数定义为:int PrintHeader(FILE ∗f, int content_type)。

发送请求成功信息:HTTP/1.0 200 OK。

根据文档类型发送相应的信息: fprintf( ),函数中的第一个参数 f 为客户连接文件流句柄。

```
switch (content_type)
    {
    case 't':
      fprintf(f,"Content-type: text/plain\n");
      break;
    case 'g':
      fprintf(f,"Content-type: image/gif\n");
      break;
    case 'j':
      fprintf(f,"Content-type: image/jpeg\n");
      break;
    case 'h':
      fprintf(f,"Content-type: text/html\n");
      break;
    }
```

发送服务器信息:

fprintf(f,"Server: AMRLinux-httpd 0.2.4\n");

发送文件过期为永不过期:

fprintf(f,"Expires: 0\n");

【任务实施】

(1)阅读理解源码

进入/arm2410s/exp/basic/09_httpd 目录,使用 vi 编辑器或其他编辑器阅读理解源代码,如图 6-4 所示。

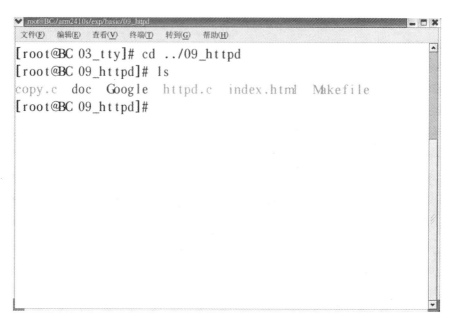

图 6-4　进入源代码目录

（2）编译应用程序

运行 make 产生可执行文件 httpd，如图 6-5 所示。

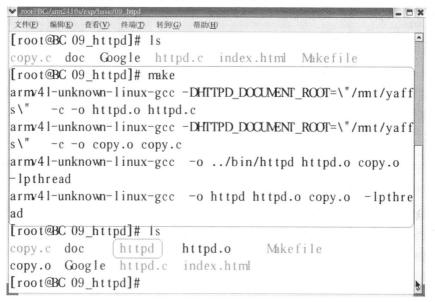

图 6-5　make 自动编译

（3）下载调试

使用 NFS 服务方式将 HTTPD 下载到开发板上，并复制测试用的网页进行调试，本任务中用的是 index 测试网页，如图 6-6 所示。

图 6-6　下载调试

（4）本机测试

在 PC 台式机的浏览器中输入 http://10.10.6.115（该 IP 地址为 UP-AMR2410-S 实验板的 IP 地址），观察在客户机的浏览器中的连接请求结果和在开发板上的服务器的打印信息，如图 6-7 所示。

图 6-7　本机测试

【任务小结】

通过在 PC 计算机上使用浏览器测试嵌入式 Web 服务器的功能，学习使用 socket 进行通信编程的过程,了解一个实际的网络通信应用程序整体设计,阅读 HTTP 协议的相关内容,学习几个重要的网络函数的使用方法。

【知识点梳理】

IP 是英文 Internet Protocol 的缩写,意思是"网络之间互联的协议",也就是为计算机网络相互连接进行通信而设计的协议。在因特网中,它是能使连接到网上的所有计算机网络实现相互通信的一套规则,规定了计算机在因特网上进行通信时应当遵守的规则。

在网络技术中,端口(Port)有好几种意思。集线器、交换机、路由器的端口指的是连接其他网络设备的接口,如 RJ-45 端口、Serial 端口等。而在本任务这里所指的端口不是指物理意义上的端口,而是特指 TCP/IP 协议中的端口,是逻辑意义上的端口。"端口号"用来标志正在计算机上运行的进程(程序)。端口号是一个整数,其取值范围为 0～65535。同一台计算机上不能同时运行两个有相同端口号的进程。0～1023 的端口号作为保留端口号,用于一些网络系统服务和应用,用户的普通网络应用程序使用 1024 以后的端口号,避免端口号冲突。

知识点一　TCP/IP 概述

1. TCP/IP 的分层模型

OSI 协议参考模型,它是基于国际标准化组织(ISO)的建议发展起来的,它分为 7 个层次:应用层、表示层、会话层、传输层、网络层、数据链路层及物理层。与此相区别的 TCP/IP 协议模型将 OSI 的 7 层协议模型简化为 4 层,从而更有利于实现和使用。

TCP/IP 的协议参考模型和 OSI 协议参考模型的对应关系,如图 6-8 所示。

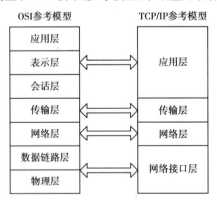

图6-8　TCP/IP 与 OSI 协议模型对应关系

(1)网络接口层(Network Interface Layer)

网络接口层是 TCP/IP 协议软件的最底层,负责将二进制流转换为数据帧,并进行数据帧的发送和接收。数据帧是网络传输的基本单元。

（2）网络层（Internet Layer）

网络层负责在主机之间的通信中选择数据报的传输路径，即路由。当网络层接收到传输层的请求后，传输某个具有目的地址信息的分组。该层把分组封装在 IP 数据报中，填入数据报的首部，使用路由算法来确定是直接交付数据报，还是把它传递给路由器，然后把数据报交给适当的网络接口进行传输。

网络层还要负责处理传入的数据报，检验其有效性，使用路由算法来决定应该对数据报进行本地处理还是应该转发。

如果数据报的目的机处于本机所在的网络，该层软件就会除去数据报的首部，再选择适当的运输层协议来处理这个分组。最后，网络层还要根据需要发出和接收 ICMP（Internet控制报文协议）差错和控制报文。

（3）传输层（Transport Layer）

传输层负责提供应用程序之间的通信服务，这种通信又称为端到端通信。传输层要系统地管理信息的流动，还要提供可靠的传输服务，以确保数据到达无差错、无乱序。为了达到这个目的，传输层协议软件要进行协商，让接收方回送确认信息以及让发送方重发丢失的分组。传输层协议软件把要传输的数据流划分为分组，把每个分组连同目的地址交给网络层去发送。

（4）应用层（Application Layer）

应用层是分层模型的最高层，在这个最高层中，用户调用应用程序通过 TCP/IP 互联网来访问可行的服务。与各个传输层协议交互的应用程序负责接收和发送数据。每个应用程序选择适当的传输服务类型，把数据按照传输层的格式要求封装好向下层传输。

2. TCP/IP 的分层模型特点

（1）TCP/IP 分层模型边界特性

TCP/IP 分层模型中有两大边界特性：一个是地址边界特性，它将 IP 逻辑地址与底层网络的硬件地址分开；一个是操作系统边界特性，它将网络应用与协议软件分开，如图6-9所示。

图6-9　TCP/IP 分层模型

（2）IP 层特性

IP 层作为通信子网的最高层，提供无连接的数据报传输机制，但 IP 协议并不能保证 IP 报文传递的可靠性，IP 的机制是点到点的。用 IP 进行通信的主机或路由器位于同一物理网络，对等机器之间拥有直接的物理连接。

TCP/IP 设计原则之一是为包容各种物理网络技术，包容性主要体现在 IP 层中。各种物理网络技术在帧、报文格式、地址格式等方面差别很大，TCP/IP 的重要思想之一就是通过 IP 将各种底层网络技术统一起来,达到屏蔽底层细节,提供统一虚拟网的目的。

IP 向上层提供统一的 IP 报文,使得各种网络帧或报文格式的差异性对高层协议不复存在。IP 层是 TCP/IP 实现异构网互联最关键的一层。

(3)TCP/IP 的可靠性特性

在 TCP/IP 网络中,IP 采用无连接的数据报机制,对数据进行"尽力而为"的传递机制,即只管将报文尽力传送到目的主机,无论传输正确与否,不做验证,不发确认,也不保证报文的顺序。TCP/IP 的可靠性体现在传输层协议之一的 TCP 协议。TCP 协议提供面向连接的服务,因为传输层是端到端的,所以 TCP/IP 的可靠性被称为端到端可靠性。

TCP/IP 的特点就是将不同的底层物理网络、拓扑结构隐藏起来,向用户和应用程序提供通用、统一的网络服务。这样从用户的角度看,整个 TCP/IP 互联网就是一个统一的整体,它独立于具体的各种物理网络技术,能够向用户提供一个通用的网络服务。

TCP/IP 网络完全撇开了底层物理网络的特性,是一个高度抽象的概念,正是由于这个原因,其为 TCP/IP 网络赋予了巨大的灵活性和通用性。

3.TCP/IP 核心协议

在 TCP/IP 协议族中,有很多种协议,如图 6-10 所示。

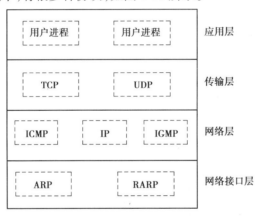

图 6-10　TCP/IP 包含核心协议

(1)TCP

TCP 的上一层是应用层,TCP 向应用层提供可靠的面向对象的数据流传输服务,TCP 数据传输实现了从一个应用程序到另一个应用程序的数据传递。它能提供高可靠性通信(即数据无误、数据无丢失、数据无失序、数据无重复到达的通信),应用程序通过向 TCP 层提交数据发送/接收端的地址和端口号而实现应用层的数据通信。

通过 IP 的源/目的可以唯一地区分网络中两个设备的连接,通过 socket 的源/目的可以唯一地区分网络中两个应用程序的连接。

(2)三次握手

TCP 是面向连接的,所谓面向连接,就是当计算机双方通信时必须首先建立连接,然后进行数据通信,最后拆除连接 3 个过程,如图 6-11 所示。TCP 在建立连接时又分 3 步走:

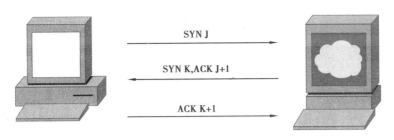

图 6-11　三次握手示意图

第一步(A→B):主机 A 向主机 B 发送一个包含 SYN 即同步(Synchronize)标志的 TCP 报文,SYN 同步报文会指明客户端使用的端口以及 TCP 连接的初始序号。

第二步(B→A):主机 B 在收到客户端的 SYN 报文后,将返回一个 SYN + ACK 的报文,表示主机 B 的请求被接受,同时 TCP 序号被加 1,ACK 即确认(Acknowledgement)。

第三步(A→B):主机 A 也返回一个确认报文 ACK 给服务器端,同样 TCP 序列号被加 1,到此一个 TCP 连接完成。

(3)TCP 数据包头

TCP 数据包头格式,如图 6-12 所示。

32 bit			
源端口		目的端口	
顺序号			
确认号			
TCP 头长	U R G　A C K　P S H　R S T　S Y N　F I N		窗口大小
校验和		紧急指针	
可选项（0或更多的32位字）			
数据（可选项）			

图 6-12　TCP 数据包头格式

源端口、目的端口:16 bit 长,标志出远端和本地的端口号。

序号:32 bit 长,标志发送的数据报的顺序。

确认号:32 bit 长,希望收到的下一个数据报的序列号。

TCP 头长:4 bit 长,表明 TCP 头中包含多少个 32 bit 字。

6 位未用。

ACK:ACK 位置 1 表明确认号是合法的;如果 ACK 为 0,那么数据报不包含确认信息,确认字段被省略。

PSH:表示是带有 PUSH 标志的数据。因此请求数据报一到接收方便可送往应用程序而不必等到缓冲区装满时才传送。

RST:用于复位由于主机崩溃或其他原因而出现的错误连接,还可以用于拒绝非法的数据报或拒绝连接请求。

SYN:用于建立连接。

FIN:用于释放连接。

窗口大小:16 bit 长,窗口大小字段表示在确认了字节之后还可以发送多少个字节。

校验和:16 bit 长,是为了确保高可靠性而设置的,它校验头部、数据和伪 TCP 头部之和。

可选项:0 个或多个 32 bit 字,包括最大 TCP 载荷、窗口比例、选择重发数据报等选项。

(4)UDP

UDP 即用户数据报协议,是一种面向无连接的不可靠传输协议,不需要通过 3 次握手来建立一个连接,并且,一个 UDP 应用可同时作为应用的客户方或服务器方。

由于 UDP 协议并不需要建立一个明确的连接,因此建立 UDP 应用要比建立 TCP 应用简单得多。UDP 比 TCP 协议更为高效,也能更好地解决实时性的问题,如今,包括网络视频会议系统在内的众多的客户/服务器模式的网络应用都使用 UDP 协议。

UDP 数据包头如图 6-13 所示。

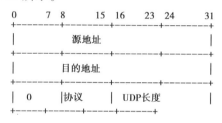

图 6-13　UDP 数据包头格式

源地址、目的地址:16 bit 长,标志出远端和本地的端口号。

数据报的长度是指包括报头和数据部分在内的总的字节数。因为报头的长度是固定的,所以主要计算可变长度的数据部分(又称为数据负载)。

(5)协议选择

协议的选择应该考虑数据的可靠性、应用的实时性和网络的可靠性。

对数据的可靠性要求高的应用需选择 TCP 协议,而对数据的可靠性要求不那么高的应用可选择 UDP 传送。

TCP 协议中的 3 次握手、重传确认等手段可以保证数据传输的可靠性,但使用 TCP 协议会有较大的时延,因此不适合对实时性要求较高的应用;而 UDP 协议则有很好的实时性。

网络状况不是很好的情况下需选用 TCP 协议(如在广域网等情况),网络状况很好的情况下选择 UDP 协议可以减少网络负荷。

知识点二　网络基础编程

1. 套接字(Socket)概述

在 TCP/IP 通信协议中,套接字(Socket)就是 IP 地址与端口号的组合。在 Linux 中的网络编程是通过 Socket 接口来进行的。

套接字是一种特殊的 I/O 接口,它也是一种文件描述符。Socket 是一种常用的进程之间通信机制,通过它不仅能实现本地机器上的进程之间的通信,而且通过网络还能够在不同机器上的进程之间进行通信。

每一个 Socket 都用一个半相关描述{协议、本地地址、本地端口}来表示;一个完整的套接字则用一个相关描述{协议、本地地址、本地端口、远程地址、远程端口}来表示。Socket 也有一个类似于打开文件的函数调用,该函数返回一个整型的 Socket 描述符,随后的连接建立、数据传输等操作都是通过 Socket 来实现的。

套接字类型常见的有以下 3 种类型:

(1)流式套接字(SOCK_STREAM)

流式套接字提供可靠的、面向连接的通信流;它使用 TCP 协议,从而保证了数据传输的可靠性和顺序性。

(2)数据报套接字(SOCK_DGRAM)

数据报套接字定义了一种无可靠、面向无连接的服务,数据通过相互独立的报文进行传输,是无序的,并且不保证是可靠、无差错的。它使用数据报协议 UDP。

(3)原始套接字(SOCK_RAW)

原始套接字允许对底层协议如 IP 或 ICMP 进行直接访问,它功能强大,但使用较为不便,主要用于一些协议的开发。

2. 地址及顺序处理

(1)地址结构处理

```
struct sockaddr
{
        unsigned short sa_family; /* 地址族 */
        char sa_data[14]; /* 14 bit 的协议地址,包含该 Socket 的 IP 地址和端口
                        号 */
};
struct sockaddr_in
{
        short int sa_family; /* 地址族 */
        unsigned short int sin_port; /* 端口号 */
        struct in_addr sin_addr; /* IP 地址 */
```

unsigned char sin_zero[8];／＊填充 0 以保持与 struct sockaddr 同样大小 ＊／
｝;

这两个数据类型是等效的,可以相互转化,通常 sockaddr_in 数据类型使用更为方便。在建立 socketadd 或 sockaddr_in 后,就可以对该 socket 进行适当的操作了。sa-family 字段可选的常见值见表 6-2。

表 6-2　sa_family 字段可选的常见值

结构定义头文件	#include < netinet/in.h >
sa_family	AF_INET:IPv4 协议
	AF_INET:IPv6 协议
	AF_LOCAL:UNIX 域协议
	AF_LINK:链路地址协议
	AF_KEY:密钥套接字

(2)数据存储优先顺序

计算机数据存储有两种字节优先顺序:高位字节优先(称为大端模式)和低位字节优先(称为小端模式,PC 机通常采用小端模式)。Internet 上数据以高位字节优先顺序在网络上传输,因此在某些情况下,需要对这两个字节存储优先顺序进行相互转化。相关函数语法见表 6-3。

htonl( )　4 字节主机字节序转换为网络字节序

ntohl( )　4 字节网络字节序转换为主机字节序

htons( )　2 字节主机字节序转换为网络字节序

ntohs( )　2 字节网络字节序转换为主机字节序

表 6-3　相关函数语法

所需头文件	#include < netinet/in.h >
函数原型	Uint16_htons(unit16_t host16 bit)
	Uint32_htonl(unit32_t host32 bit)
	Uint16_ntons(unit16_t net16 bit)
	Uint32_ntons(unit32_t net32 bit)
函数传入值	host16 bit:主机字节序的 16 bit 数据
	host32 bit:主机字节序的 32 bit 数据
	net16 bit:网络字节序的 16 bit 数据
	net32 bit:网络字节序的 32 bit 数据
函数返回值	成功:返回要转换的字节序
	出错: − 1

（3）地址格式转化

用户在表达地址时通常采用点分十进制表示的数值字符串（或者是以冒号分开的十进制 IPv6 地址），而在通常使用的 Socket 编程中所使用的则是二进制值（例如，用 in_addr 结构和 in6_addr 结构分别表示 IPv4 和 IPv6 中的网络地址），这就需要将这两个数值进行转换。

这里在 IPv4 中用到的函数有 inet_aton( )、inet_addr( ) 和 inet_ntoa( )，而 IPv4 和 IPv6 兼容的函数有 inet_pton( ) 和 inet_ntop( )。inet_pton( ) 函数是将点分十进制地址字符串转换为二进制地址，而 inet_ntop( ) 是 inet_pton( ) 的反向操作，将二进制地址转换为点分十进制地址字符串。inet_pton( ) 函数格式见表 6-4，inet_ntop( ) 函数格式见表 6-5。

表 6-4　inet_pton( ) 函数格式

所需头文件	#include < arpa/inet. h >	
函数原型	Int inet_pton(int family,const char ∗ strptr,void ∗ addrptr)	
函数传入值	family	AF_INET: IPv4 协议
		AF_INET:IPv6 协议
	Strptr:要转化的值(十进制地址字符串)	
	Addrptr:转化后的地址	
函数返回值	成功:0	
	出错: - 1	

表 6-5　inet_ntop( ) 函数格式

所需头文件	#include < arpa/inet. h >	
函数原型	Int inet_pton(int family,void ∗ addrptr,char ∗ strptr,size_t len)	
函数传入值	family	AF_INET: IPv4 协议
		AF_INET:IPv6 协议
	Addrptr:转化后的地址	
	Strptr:转化后的十进制地址字符串	
	Len:转化后值的大小	
函数返回值	成功:0	
	出错: - 1	

3.名字地址转换

在 Linux 中有一些函数可以实现主机名和地址的转化,如 gethostbyname,gethostbyaddr,getaddrinfo 等,它们都可以实现 IPv4 和 IPv6 的地址和主机名之间的转化。

其中,gethostbyname 是将主机名转化为 IP 地址,gethostbyaddr 则是逆向操作,是将 IP 地址转化为主机名;另外,getaddrinfo 还能实现自动识别 IPv4 地址和 IPv6 地址。

gethostbyname 和 gethostbyaddr 都涉及一个 hostent 的结构体,如下:

```
struct hostent{
        char * h_name;/* 正式主机名 */
        char * * h_aliases;/* 主机别名 */
        int h_addrtype;/* 地址类型 */
        int h_length;/* 地址长度 */
        char * * h_addr_list;/* 指向 IPv4 或 IPv6 的地址指针数组 */
}
```

调用该函数后就能返回 hostent 结构体的相关信息。

getaddrinfo 函数涉及一个 addrinfo 的结构体,如下:

```
struct addrinfo{
        int ai_flags;/* AI_PASSIVE,AI_CANONNAME; */
        int ai_family;/* 地址族 */
        int ai_socktype;/* socket 类型 */
        int ai_protocol;/* 协议类型 */
        size_t ai_addrlen;/* 地址长度 */
        char * ai_canoname;/* 主机名 */
        struct sockaddr * ai_addr;/* socket 结构体 */
        struct addrinfo * ai_next;/* 下一个指针链表 */
}
```

与 hostent 结构体相比,addrinfo 结构体包含更多的信息。gethostbyname( )函数语法见表 6-6,getaddrinfo( )函数语法见表 6-7,addrinfo 结构体见表 6-8。

表 6-6　gethostbyname( )函数语法

所需头文件	#include < netdb. h >
函数原型	Struct honstent * gethonstbyname(const char * hostname)
函数传入值	Hostname:主机名
函数返回值	成功:hostname 类型指针
	出错: - 1

表 6-7　getaddrinfo( )函数语法

所需头文件	#include < netdb. h >
函数原型	Int getaddrinfo(const char * node, const char * service, struct addrinfo * hints, struct addrinfo * * result)

续表

函数传入值	Node:网络地址或者网络主机名
	Service:服务名或十进制的端口号字符串
	Hints:服务线索
	Result:返回结果
函数返回值	成功:0
	出错: -1

表 6-8　addrinfo 结构体

结构体头文件	#include < netdb. h >
ai_flags	AI_PASSIVE:该套接口是用作被动地打开
	AI_CANONNAME:通知 getaddrinfo 函数返回主机的名字
family	AF_INET:IPv4 协议
	AF_INET6:IPv6 协议
	AF_UNSPE:IPv4 或 IPv6 均可
ai_socktype	SOCK_STREAM:字节流套接字 Socket(TCP)
	SOCK_DGRAM:数据报套接字 Socket(UDP)
ai_protocol	IPPROTO_IP:IP 协议
	IPPROTO_IPV4:IPv4 协议
	IPPROTO_IPV6:IPv6 协议
	IPPROTO_UDP:UDP
	IPPROTO_TCP:TCP

注意:

通常服务器端在调用 getaddrinfo( )之前,ai_flags 设置 AI_PASSIVE,用于 bind( )函数(用于端口和地址的绑定,后面会讲到),主机名 nodename 通常会设置为 NULL。

客户端调用 getaddrinfo( )时,ai_flags 一般不设置 AI_PASSIVE,但是主机名 nodename 和服务名 servname(端口)则应不为空。

示例:

```
struct addrinfo hints, * res = NULL;
    int rc;
```

```
    memset(&hints,0,sizeof(hints));
/*设置addrinfo 结构体中各参数*/
    hints.ai_flags = AI_CANONNAME
    hints.ai_family = AF_UNSPEC;
    hints.ai_socktype = SOCK_DGRAM;
    hints.ai_protocol = IPPROTO_UDP;
/*调用 getaddinfo 函数*/
    rc = getaddrinfo("localhost",NULL,&hints,&res);
    if(rc! = 0) {
        perror("getaddrinfo");
        exit(1);
    }
```

知识点三　套接字相关的 API 及应用

使用 Socket 编程包括以下两类:

● 使用 TCP 时 Socket 编程流程如图 6-14 所示。

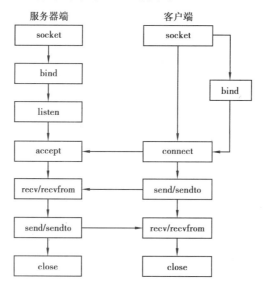

图 6-14　使用 TCP 时 Socket 编程流程

● 使用 UDP 时 Socket 编程流程如图 6-15 所示。

1. socket 函数

为了进行网络通信,一个进程必须做的第一件事就是调用 socket 函数,指定期望的通信协议类型。socket( )函数用于创建套接字,其语法见表 6-9。

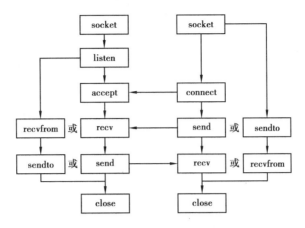

图 6-15 使用 UDP 时 Socket 编程流程

表 6-9 socket 函数的语法

所需头文件	#include < sys/socket. h >		
函数原型	Int socket(int family, int type, int protocol)		
函数传入值	Family 协议	AF_INET：IPv4 协议	
		AF_INET：IPv6 协议	
		AF_LOCAL：域协议	
		AF_ROUTE：路由套接字(socket)	
		AF_KEY：密钥套接字(socket)	
	Type：套接字类型	SOCK_STREAM：字节流套接字(socket)	
		SOCK_DGRAM：数据报套接字(socket)	
		SOCK_RAW：原始套接字(socket)	
	Protoco：0(原始套接字除外)		
函数返回值	成功：非负套接字描述符		
	出错：- 1		

2. bind 函数

函数 bind 用来命名一个套接字,它为该套接字描述符分配一个半相关属性,其语法要点见表 6-10。

表 6-10 bind 函数的语法

所需头文件	#include < sys/socket. h >
函数原型	Int bind(int sockefd, struct sockaddr * my_addr, int addrlen)

续表

函数传入值	Sockefd:套接字描述符
	my_addr:本地地址
	Addrlen:地址长度
函数返回值	成功:0
	出错: − 1

3. listen 函数

TCP 的服务器端必须调用函数 listen 才能使套接字进入监听状态。其语法要点见表 6-11。

表 6-11　listen 函数的语法

所需头文件	#include < sys/socket. h >
函数原型	Int listen(int sockfd,int backlog)
函数传入值	Sockfd:套接字描述符
	Backlog:请求队列中允许的最大请求数,大多数系统缺省值为5
函数返回值	成功:0
	出错: − 1

4. accept 函数

服务器端套接字在进入监听状态后,必须通过调用 accept 函数接收客户进程提交的连接请求,才能完成一个套接字的完整连接。其语法要点见表 6-12。

表 6-12　accept 函数的语法

所需头文件	#include < sys/socket. h >
函数原型	Int accept(int sockfd,stuct sockaddr ∗ addr,socklen_t ∗ addrlen)
函数传入值	Sockfd:套接字描述符
	Addr:客户端地址
	Addrlen:地址长度
函数返回值	成功:接收到的非负的套接字
	出错: − 1

5. connect 函数

TCP 客户端调用 connect 函数向 TCP 服务器端发起通信连接请求,其语法要点见表6-13。

表 6-13 connect 函数的语法

所需头文件	#include < sys/socket. h >
函数原型	Int connect(int sockfd , struct sockaffr * serv_addr , int addrlen)
函数传入值	Sockfd:套接字描述符
	serv_addr:服务器端地址
	Addrlen:地址长度
函数返回值	成功:0
	出错: - 1

6. send、recv 函数

这两个函数是最基本的,通过连接的流式套接字进行通信的函数。如果想使用无连接的数据报套接字进行通信的话,将要使用下面的 send 与 recv 函数,其函数语法分别见表 6-14、表 6-15。

表 6-14 send 函数的语法

所需头文件	#include < sys/socket. h >
函数原型	Int send(int sockfd , const void * msg; int len , int flag)
函数传入值	Sockfd:套接字描述符
	Msg:指向要发送数据的指针
	Len:数据长度
	Flags:一般为 0
函数返回值	成功:实际发送的字节数
	出错: - 1

以下代码演示了 send 函数的使用。

```
char *  msg  = "Hello World!";
int len , bytes_sent;
      ......
      ......
len  =  strlen( msg) ;
```

bytes_sent = send(sockfd, msg, len, 0) ;

······

······

表 6-15　recv 函数的语法

所需头文件	#include < sys/socket. h >
函数原型	Int recv(int sockfd, void ∗ buff, int len, unsigned int flag)
函数传入值	Sockfd：套接字描述符
	Buff：存放接收数据的缓冲区
	Len：数据长度
	Flags：一般为 0
函数返回值	成功：实际接收的字节数
	出错： - 1

7. sendto 和 recvfrom 函数

这两个函数是进行无连接的 UDP 通信时使用的。使用这两个函数,则数据会在没有建立任何连接的网络上传输。

因为数据报套接字无法对远程主机进行连接,在发送数据时用到的远程主机的 IP 地址和端口,都以参数形式体现在函数的参数中。

sendto( )函数和 recvfrom( )函数的语法分别见表 6-16、表 6-17。

表 6-16　sendto( )函数语法

所需头文件	#include < sys/socket. h >
函数原型	Int sendto (int sockfd, const void ∗ msg; int len, unsigned int flags, const struct sockaddr ∗ to, int tolen)
函数传入值	Sockfd：套接字描述符
	Msg：指向要发送数据的指针
	Len：数据长度
	Flags：一般为 0
	To：目的机的 IP 地址和端口号信息
	Tolen：地址长度
函数返回值	成功：实际发送的字节数
	出错： - 1

表 6-17　recvfrom( )函数语法

所需头文件	#include < sys/socket. h >
函数原型	Int recvfrom(int sockfd, void ∗ buf,int len, unsigned int flags, struct sockaddr ∗ from, int fromlen)
函数传入值	Sockfd：套接字描述符
	Buff：存放接收数据的缓冲区
	Len：数据长度
	Flags：一般为 0
	from：源主机的 IP 地址和端口号信息
	Tolen：地址长度
函数返回值	成功：实际接收的字节数
	出错：－1

知识点四　套接字高级编程

在实际情况中,人们往往遇到多个客户端连接服务器端的情况。在之前介绍的例子中,使用阻塞函数,因此如果资源没有准备好,则调用该函数的进程将进入睡眠状态,这样就无法处理其他请求的情况了。

本节给出了两种解决 I/O 多路复用的解决方法,分别为:

非阻塞访问(使用 fcntl( )函数);

多路复用处理(使用 select( )或 poll( )函数)。

1. 非阻塞和异步 I/O

在 Socket 编程中可以使用函数 fcntl(int fd, int cmd, int arg)的如下编程特性:

①获得文件状态标志:将 cmd 设置为 F_GETFL,会返回由 fd 指向的文件的状态标志。

②非阻塞 I/O:将 cmd 设置为 F_SETFL,将 arg 设置为 O_NONBLOCK。

③异步 I/O:将 cmd 设置为 F_SETFL,将 arg 设置为 O_ASYNC。

示例:

int flag

　flag = fcntl(sockfd, F_GETFL, 0);

　flag | = O_NONBLOCK;

　fcntl(sockfd, F_SETFL, flag);

2. 多路复用 I/O

应用程序中同时处理多路输入输出流,若采用阻塞模式,将得不到预期的目的,若采用非阻塞模式,对多个输入进行轮询,但又太浪费 CPU 时间,若设置多个进程,分别处理一条数据通路,将新产生进程间的同步与通信问题,使程序变得更加复杂,比较好的方法是使用 I/O 多路复用。其基本思想是:

先构造一张有关描述符的表,然后调用一个函数,直到这些描述符中的一个已准备好进行 I/O 时才返回。它告诉进程哪个描述符已准备好可以进行 I/O。

知识点五　Socket 网络编程示例

1. 程序流程

Socket 编程流程如图 6-16 所示。

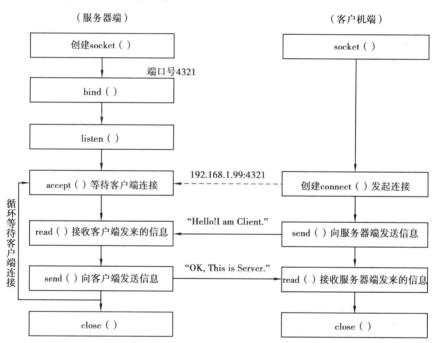

图 6-16　Socket 编程流程

利用 Socket 方式进行数据通信与传输,有如下步骤:

①创建服务端 Socket,绑定建立连接的端口。

②服务端程序在一个端口处于阻塞状态,等待客户机的连接。

③创建客户端 Socket 对象,绑定主机名称或 IP 地址,指定连接端口号。

④客户机 Socket 发起连接请求。

⑤建立连接。

⑥利用 send/sendto 和 recv/recvfrom 进行数据传输。

⑦关闭 Socket。

2. 创建服务端程序 server. c

①创建一个用于通信的 TCP 协议的 Socked 套接字描述符。创建套接字后反馈一个成功的提示信息：

sockfd = socket(AF_INET,SOCK_STREAM,0);

printf("socket Success!, sockfd = % d \n",sockfd);

②在服务器端初始化 sockaddr 结构体,设定套接字端口号：

my_addr. sin_family = AF_INET;

my_addr. sin_port = htons(4321);

my_addr. sin_addr. s_addr = INADDR_ANY;

bzero(&(my_addr. sin_zero),8);

③将定义的 sockaddr 结构体与 socked 套接字描述符进行绑定：

bind(sockfd, (struct sockaddr *)&my_addr, sizeof(struct sockaddr));

④调用 listen 函数使 socked 套接字成为一个监听套接字。它与下一步骤的 accept 函数共同完成对套接字端口的监听。

listen(sockfd, 10);

⑤调用 accept 函数监听套接字端口,等待客户端的连接。一旦建立连接,将产生一个全新的套接字。

new_fd = accept(sockfd, (struct sockaddr *)&their_addr, &sin_size);

⑥处理客户端的会话请求。将接收到的数据存放到字符型数组 buff 中。

//读取客户端发来的信息

numbytes = recv(new_fd, buff, strlen(buff), 0);

//向客户端发送信息

send(sockfd, "Hello! I am Server.", 100, 0);

⑦终止连接。通信结束则断开连接。

close(sockfd);

socket 的服务器程序如下：

```
/ * 服务器程序 server. c * /
#include < sys/types. h >
#include < sys/socket. h >
#include < stdio. h >
#include < stdlib. h >
#include < errno. h >
```

```
#include < string. h >
#include < unistd. h >
#include < netinet/in. h >
main( )
{
    int sockfd,new_fd;
    stuct sockaddr_in my_addr;
    struct sockaddr_in their_addr;
    int sin_size;
    char buff[100];
    int numbytes;
//服务器建立 TCP 协议的 socked 套接字描述符
    if((sockfd = socket(AF_INET,SOCK_STREAM,0)) = = -1)
    {
        perror("socket");
        exit(1);
    }
printf("socket success! sockfd = %d\n",sockfd);
    //服务器初始化 sockaddr 结构体,绑定 4321 端口
    my_addr. sin_family = AF_INET;
    my_addr. sin_port = htons(4321);
    my_addr. sin_addr. s_addr = INADDR_ANY;
    bzero(&(my_addr. sin_zero),8);
    //绑定套接字描述符 sockfd
    if(bind(sockfd,(struct sockaddr *)&my_addr,sizeof(struct sockaddr)) = = -1)
    {
        perror("bind");
        exit(1);
    }
printf("bind success! \n");
//创建监听套接字描述符 sockfd
    if(listen(sockfd,10) = = -1)
    {
        perror("listen");
        exit(1);
    }
```

```
        printf("listening...\n");
    //服务器阻塞监听套接字,等待客户端程序连接
    while(1)
    {
        sin_size = sizeof(struct sockaddr_in);
        //如果建立连接,将产生一个全新的套接字
        if((new_fd = accept(sockfd,(struct sockaddr *)&their_addr,&sin_size)) == -1)
        {
            perror("accept");
            exit(1);
        }
        //生成一个子进程来完成和客户端的会话,父进程继续监听
        if(! fork())
        {
            //读取客户端发来的信息
            if((numbytes = recv(new_fd,buff,100,0)) == -1)
            {
                perror("recv");
                exit(1);
            }
            printf("%s\n",buff);
            //发送信息到客户端
            if(send(new_fd,"welcome,this is server.",100,0) == -1)
                perror("send");
            //本次通信结束
            close(new_fd);
            exit(0);
        }
        //下一个循环
    }
    close(sockfd);
}
```

3. 创建客户端程序 client.c

①和服务器的步骤一样,首先需要创建一个 socked 套接字描述符:

```
sockfd = socket(AF_INET,SOCK_STREAM,0)
```

②在客户端初始化 sockaddr 结构体,并调用函数 gethostbyname( )获取从命令行输入的服务器 IP 地址,设定与服务器程序相同的端口号(比如,服务器的端口号是 1234,则这里也必须设为 1234)。

③调用 connect 函数来连接服务器:

```
connect(sockfd,(struct sockaddr * )&their_addr,sizeof(struct sockaddr));
```

④发送或者接收数据,一般使用 send 和 recv 函数调用来实现(与服务器程序相同)。

⑤终止连接(与服务器程序相同)。

客户端程序如下:

```
/* 客户端程序 client. c */
#include < stdio. h >
#include < stdlib. h >
#include < errno. h >
#include < string. h >
#include < netdb. h >
#include < sys/types. h >
#include < sys/socket. h >
#include < netinet/in. h >
int main(int argc,char * argv[ ])
{
    int sockfd,numbytes;
    char buf[100];
    struct hostent * he;
    struct sockaddr_in their_addr;
    int i = 0;
//从输入的命令行第 2 个参数获取服务器的 IP 地址
    he = gethostbyname(argv[1]);
    //客户端程序建立 TCP 协议的 socked 套接字描述符
    if((sockfd = socket(AF_INET,SOCK_STREAM,0)) = = -1)
    {
        perror("socket");
        exit(1);
    }
    //客户端程序初始化 sockaddr 结构体,连接到服务器的 4321 端口
    their_addr. sin_family = AF_INET;
    their_addr. sin_port = htons(4321);
```

```
their_addr. sin_addr  =  * ( ( struct in_addr * ) he- > h_addr) ;
bzero( & ( their_addr. sin_zero) ,8) ;
//向服务器发起连接
if( connect( sockfd,( struct sockaddr * )&their_addr,sizeof( struct sockaddr) ) = = - 1)
{
    perror( "connect") ;
    exit( 1) ;
}
//向服务器发送字符串
if( send( sockfd,"Hello, I am client. ",100,0) = = - 1)
{
    perror( "send") ;
    exit( 1) ;
}
//接收从服务器返回的信息
if( ( numbytes = recv( sockfd,buf,100,0) ) = = - 1)
{
    perror( "recv") ;
    exit( 1) ;
}
printf( "result:% s\n",buf) ;
//通信结束
close( sockfd) ;
return 0;
}
```

4. 编译运行

(1)编译服务器程序

①编写 makefile 文件:

```
CC  =  armv4l-unknown-linux-gcc
OBJS  =  server. o
server:    $( OBJS)
    $( CC) -o $@  $( OBJS)
clean:
    rm -f *. o server
```

②运行 make:

说明：

服务器程序运行在嵌入式开发板上，因此使用交叉编译器 armv4l-unknown-linux-gcc 进行编译。

（2）编译客户端程序

①编写 makefile 文件：

CC = gcc

OBJS = client. o

client： $(OBJS)

　$(CC) -o $@ $(OBJS)

clean：

　rm -f client * . o

②运行 make。

（3）运行服务器程序

把服务器程序 server 下载到开发板上，运行服务器程序 server。此时要确保开发板和宿主机双方可以通信，如图 6-17 所示。

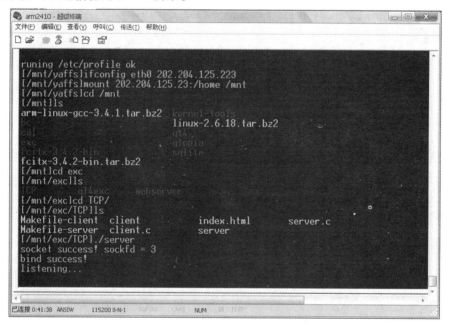

图 6-17　服务器程序运行

（4）运行客户端程序

在宿主机上运行客户端执行程序 client,后面要跟上嵌入式系统开发板的 IP 地址,设开发板的 IP 地址为 202. 204. 125. 223,在宿主机上显示服务器回应的信息,如图 6-18 所示。

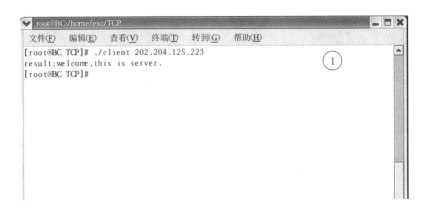

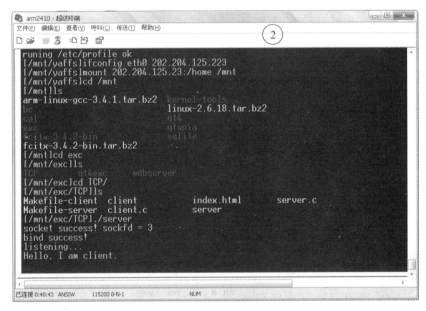

图 6-18　客户端程序运行结果

【练一练】

1.分别用多线程和多路复用实现网络聊天程序。

2.实现一个小型模拟的路由器,就是接收从某个 IP 地址的连接请求,再把该请求转发到另一个 IP 地址的主机上去。

3.使用多线程来设计实现 Web 服务器。

任务二　嵌入式 GPRS 通信

【任务目的】

1.了解 GPRS 通信技术。

2. 了解 SIM300-E GPRS 模块的控制接口。

3. 掌握 Linux AT 命令及 GPRS 通信应用。

【任务要求】

通过对串口编程来控制 GPRS 扩展板,实现发送固定内容的短信,接打语音电话等通信模块的基本功能。利用开发平台的键盘和液晶屏实现人机交互。

【任务分析】

近年来,通信技术和网络技术的迅速发展,特别是无线通信技术的发展,使得物联网等技术的应用层进一步提高。GSM 网络出现后,技术人员很快把 GSM 模块嵌入各种仪表仪器中,如多功能电能表、故障测录仪、抄表系统和用电负荷监控等,从而使这些仪表仪器具有远程通信功能。

GPRS 是在现有 GSM 系统上发展出来的一种新的数据承载业务,支持 TCP/IP 协议,可以与分组数据网(Internet 等)直接互通。GPRS 无线传输系统的应用范围非常广泛,几乎可以涵盖所有的中低业务和低速率的数据传输,尤其适合突发的小流量数据传输业务。本任务通过控制 GPRS 扩展板,实现 GPRS 通信的基本功能。任务中创建了两个线程:发送指令线程 keyshell 和 GPRS 反馈读取线程 gprs_read。

①keyshell 线程启动后会在串口或者 LCD(输出设备可选择)提示如下的信息:

< gprs control shell >

[1]　　give a call

[2]　　respond a call

[3]　　hold a call

[4]　　send a msg

[* *]　help menu

②循环采集键盘的信息,若为符合选项的内容就执行相应的功能函数。以按键按下"1"为例:

```
get_line(cmd);                //采集按键
if(strncmp("1",cmd,1) = =0){              // 如果为"1"
    printf("\nyou select to gvie a call, please input number:")}
```

【任务实施】

首先确定试验平台扩展槽上方 JP1102/JP1103 跳线位于 2、3 之间,跳线位为EXPORT。然后将 GPRS 天线连接到模块上,将任意可用 GSM 手机 SIM 卡插入模块背面SIMCARD 插槽内,并将模块插入 2410-S 扩展插槽。

(1)阅读理解源码

进入/arm2410s/exp/basic/08_gprs 目录,使用 vi 编辑器或其他编辑器阅读理解源代码,如图 6-19 所示。

图 6-19　进入源代码目录

（2）编译程序

编译程序过程如图 6-20 所示。

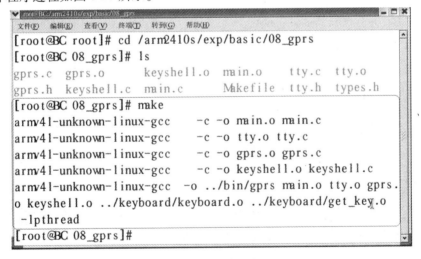

图 6-20　make 自动编译

（3）运行程序

启动 minicom，执行以下指令，如图 6-21 所示。

（4）观看运行结果

运行结果如图 6-22 所示。

提示：

如要验证通话效果可连接耳机和话筒来实现。注意，此时数字由 2410-S 上的小键盘输入。

arm - 超级终端
文件(F) 编辑(E) 查看(V) 呼叫(C) 传送(T) 帮助(H)
[/mnt/yaffs]modprobe i2c-tomega8
[/mnt/vaffs]mount -t nfs 10.10.6.55:/arm2410s /
[/mnt/yaffs]cd /host/exp/basic/bin
[/host/exp/basic/bin]./gprs
已连接 0:03:31 自动检测 115200 8-N-1 SCROLL CAPS NUM 捕 打印

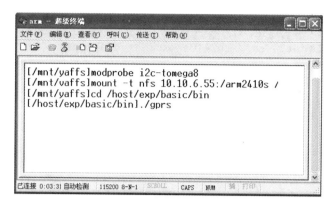

图 6-21 指令执行

arm - 超级终端
文件(F) 编辑(E) 查看(V) 呼叫(C) 传送(T) 帮助(H)
[/mnt/yaffs]modprobe i2c-tomega8
[/mnt/vaffs]mount -t nfs 10.10.6.55:/arm2410s /
[/mnt/yaffs]cd /host/exp/basic/bin
[/host/exp/basic/bin]./gprs
<gprs control shell>
[1]give a call
[2]respond a call
[3]hold a call
[4]send a msg
[**]help menu
Keyshell>
已连接 0:03:31 自动检测 115200 8-N-1 SCROLL CAPS NUM 捕 打印

图 6-22 运行结果

【任务小结】

通过本任务的实施,可通过学习使用 ARM 嵌入式开发平台配置的 GPRS 扩展板,了解 GPRS 通信原理,认识 GPRS 通信电路的主要构成,同时掌握 GPRS 模块的控制接口和 AT 命令。

【知识点梳理】

知识点一 GPRS 技术概述

GPRS 是通用无线分组业务(General Packet Radio System)的缩写,是介于第二代和第三代之间的一种技术,通常称为2.5G。GPRS 采用与 GSM 相同的频段、频带宽度、突发结构、无线调制标准、跳频规则以及相同的 TDMA 帧结构。因此,在 GSM 系统的基础上构建 GPRS 系统时,GSM 系统中的绝大部分部件都不需要作硬件改动,只需作软件升级。有了

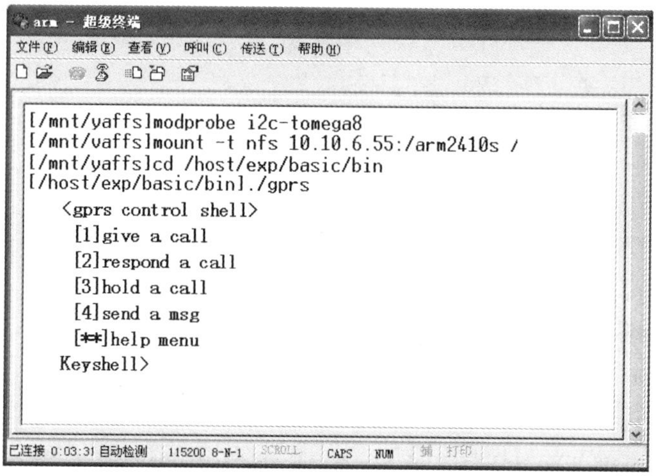

GPRS,用户的呼叫建立时间大大缩短,几乎可以做到"永远在线"。此外,GPRS 是以营运商传输的数据量而不是连接时间为基准来计费,从而令每个用户的服务成本更低。

GPRS 是在原有的基于电路交换(CSD)方式的 GSM 网络上引入两个新的网络节点:GPRS 服务支持节点(SGSN)和 GPRS 网关支持节点(GGSN)。

- SGSN:GPRS 服务支持节点

SGSN 为 MS 提供服务,和 MSC/VLR/EIR 配合完成移动性管理功能,包括漫游、登记、切换、鉴权等,对逻辑链路进行管理,包括逻辑链路的建立、维护和释放,对无线资源进行管理。

SGSN 为 MS 主叫或被叫提供管理功能,完成分组数据的转发,地址翻译,加密及压缩功能。

SGSN 能完成 Gb 接口 SNDCP、LLC 和 Gn 接口 IP 协议间的转换。

- GGSN:GPRS 网关支持节点

网关 GPRS 支持节点实际上就是网关或路由器,它提供 GPRS 和公共分组数据网以 X.25 或 X.75 协议互联,也支持 GPRS 和其他 GPRS 的互联。

GGSN 和 SGSN 一样都具有 IP 地址,GGSN 和 SGSN 一起完成了 GPRS 的路由功能。网关 GPRS 支持节点支持 X.121 编址方案和 IP 协议,可以 IP 协议接入 Internet,也可以接入 ISDN 网。

GPRS 的特点如下:

- 实时在线

即客户无须为每次数据的访问建立呼叫连接。

- 按量计费

客户可以一直在线,按照接收和发送数据包的数据来付费用;没有数据流量传递时,客户即使挂在网上,也不用付费。因而,大家称之为"发呆是免费的"。

- 快捷登录

每次使用时只需一个激活的过程,一般只需 1~3 s 便即刻登录至互联网,比固定拨号方式接入互联网要快 4~5 倍。

- 高速传输

GPRS 采用分组交换技术,数据传输速率最高理论值可达 171.2 kbit/s,目前传送速率可达到 40 kbit/s。

- 自如切换

GPRS 还具有数据传输与话音传输可同时进行或切换进行的优势。GPRS 无线通信模块支持 GPRS 方式访问互联网,以 GSM 方式实现语音通话、短消息和收发传真。

知识点二 SIM300-E GPRS 模块

GPRS 无线模块作为终端的无线收发模块,把从处理器发送过来的 IP 包或基站传来的分组数据进行相应的处理后再转发。

SIM300-E 是 SIMCOM 公司推出的 GSM/GPRS 双频模块,实物图如图 6-23 所示,主要为语音传输、短消息和数据业务提供无线接口。SIM300-E 集成了完整的射频电路和 GSM 的基带处理器,适合于开发一些 GSM/GPRS 的无线应用产品,如移动电话、PCMCIA 无线 MODEM 卡、无线 POS 机、无线抄表系统以及无线数据传输业务,应用范围十分广泛。

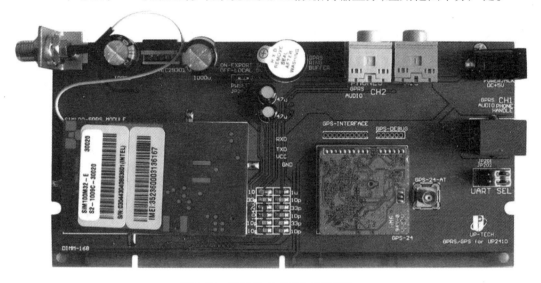

图 6-23　SIM300-E GPRS 无线模块

SIM300-E 模块为用户提供了功能完备的系统接口。60Pin 系统连接器是 SIM300-E 模块与应用系统的连接接口,主要提供外部电源、RS-232 串口、SIM 卡接口和音频接口。 SIM300-E 模块使用锂电池、镍氢电池或者其他外部直流电源供电,电源电压范围为: 3.3 ~ 4.6 V,电源应该具有至少 2 A 的峰值电流输出能力。应注意 SIM300-E 的下列引脚:

●VANA　为模拟输出电压,可提供 2.5 V 的电压和 50 mA 的电流输出,用于给音频电路提供电源。

●VEXT　为数字输出电压,可提供 2.8 V 的电压和 50 mA 的电流输出。

●VRTC　为时钟供电输入,当模块断电后为内部 RTC 提供电源,可接一个 2.0 V 的纽扣充电电池。

本任务使用的试验箱中扩展模块采用5 V　2 A的直流电源供电,经过芯片 MIC29302 稳压后得到 4.2 V 电压供给 GPRS 模块使用。

SIM300-E 提供标准的 RS-232 串行接口,用户可以通过串行口使用 AT 命令完成对模块的操作。串行口支持以下通信速率(单位:bit/s):300,1 200,2 400,4 800,9 600, 19 200,38 400,57 600,115 200。

当模块上电启动并报出 RDY 后,用户才可以和模块进行通信,用户可以首先使用模块默认速率 115 200 与模块通信,并可通过"AT + IPR = < rate >"命令自由切换至其他通信速率。在应用设计中,当 MCU 需要通过串口与模块进行通信时,可以只用 3 个引脚:TXD,RXD 和 GND。

其他引脚悬空,建议 RTS 和 DTR 置低。本扩展板上采用 MAX3232 芯片完成 GPRS 模块的 TTL 电平到 RS232 电平的转换,以能和 ARM 开发平台的 RS232 串口连接。

SIM300-E 模块提供了完整的音频接口,应用设计只需增加少量外围辅助元器件,主要是为 MIC 提供工作电压和射频旁路。音频分为主通道和辅助通道两部分。可以通过"AT+CHFA"命令切换主副音频通道。音频设计应该尽量远离模块的射频部分,以降低射频对音频的干扰。

本扩展板硬件支持两个语音通道:主通道可以插普通电话机的话柄;辅助通道可以插带 MIC 的耳麦。当选择为主通道时,有电话呼入时板载蜂鸣器将发出铃声以提示来电。但选择辅助通道时来电提示音乐只能在耳机中听到。蜂鸣器是由 GPRS 模块的 BUZZER 引脚加驱动电路控制的。GPRS 模块的射频部分支持 GSM900/DCS1800 双频,为了尽量减少射频信号在射频连接线上的损耗,必须谨慎选择射频连线。应采用 GSM900/DCS1800 双频段天线,天线应满足阻抗 50 Ω 和收发驻波比小于 2 的要求。为了避免过大的射频功率导致 GPRS 模块的损坏,在模块上电前请确保天线已正确连接。

模块支持外部 SIM 卡,可以直接与 3.0 V SIM 卡或者 1.8 V SIM 卡连接。模块自动监测和适应 SIM 卡类型。对用户来说,GPRS 模块实现的就是一个移动电话的基本功能,该模块正常的工作是需要电信网络支持的,需要配备一个可用的 SIM 卡,在网络服务计费方面和普通手机类似。若需要 GPRS 数据传输,也可以开通 GPRS 业务。

知识点三　Linux AT 命令

GPRS 模块和应用系统是通过串口连接的,控制系统可以发给 GPRS 模块 AT 命令的字符串来控制其行为。GPRS 模块具有一套标准的 AT 命令集,包括一般命令、呼叫控制命令、网络服务相关命令、电话本命令、短消息命令、GPRS 命令等。用户可以直接将扩展板和计算机串口相连,打开超级终端并正确设置端口和如下参数:

波特率设为 115 200;

数据位为 8;

关闭奇偶校验;

数据流控制采用硬件方式;

止位为 1。

然后可以在超级终端里输入"AT"并回车,即可看到 GPRS 模块回显一个"AT";也可以尝试下列 AT 命令子集。

命令格式如下:

AT [- V] [- q x] [- f file] [- m] time

主要参数有:

- V:显示标准错误输出。

- q:许多队列输出。

- f:从文件中读取作业。

- m:执行完作业后发送电子邮件到用户。

time:设定作业执行的时间。time 格式有严格的要求,由小时、分钟、日期和时间的偏移量组成,其中,日期的格式为 MM.DD.YY,MM 是月份,DD 是日期,YY 是指年份。偏移量的格式为时间 + 偏移量,单位是 minutes、hours 和 days。

1. 一般命令(见表 6-18)

表 6-18　一般命令

AT + CGMI	给出模块厂商的标志
AT + CGMM	获得模块标志。这个命令用来得到支持的频带(GSM900,DCS1800 或 PCS1900)。当模块有多频带时,回应可能是不同频带的结合
AT + CGMR	获得改订的软件版本
AT + CGSN	获得 GSM 模块的 IMEI(国际移动设备标志)序列号
AT + CSCS	选择 TE 特征设定。这个命令报告 TE 用的是哪个状态设定上的 ME。ME 于是可以转换每一个输入的或显示的字母。该设定用来发送、读取或者撰写短信
AT + WPCS	设定电话簿状态。这个特殊的命令报告通过 TE 电话簿所用的状态的 ME。ME 于是可以转换每一个输入的或者显示的字符串字母。这个用来读或者写电话簿的入口
AT + CIMI	获得 IMSI。这命令用来读取或者识别 SIM 卡的 IMSI(国际移动签署者标识)。在读取 IMSI 之前应该先输入 PIN(如果需要 PIN 的话)
AT + CCID	获得 SIM 卡的标志。这个命令使模块读取 SIM 卡上的 EF-CCID 文件
AT + GCAP	获得能力表(支持的功能)
A/	重复上次命令。只有 A/命令不能重复。该命令重复前一个执行的命令
AT + CPOF	关机。这个特殊的命令停止 GSM 软件堆栈和硬件层。命令"AT + CFUN =0"的功能与" + CPOF"相同
AT + CFUN	设定电话机能。这个命令选择移动站点的机能水平
AT + CPAS	返回移动设备的活动状态
AT + CMEE	报告移动设备的错误。这个命令决定允许或不允许用结果码" + CMEERROR:"或者" + CMSERROR:"代替简单的"ERROR"
AT + CKPD	小键盘控制。仿真 ME 小键盘执行命令
AT + CCLK	时钟管理。这个命令用来设置或者获得 ME 真实时钟的当前日期和时间

续表

AT + CALA	警报管理。这个命令用来设定在 ME 中的警报日期/时间（闹铃）
AT + CRMP	铃声旋律播放。这个命令在模块的蜂鸣器上播放一段旋律。有两种旋律可用：到来语音、数据或传真呼叫旋律和到来短信声音
AT + CRSL	设定或获得到来的电话铃声的声音级别

2. 呼叫控制命令（见表 6-19）

表 6-19　呼叫控制命令

ATD	拨号命令。这个命令用来设置通话、数据或传真呼叫
ATH	挂机命令
ATA	接电话
AT + CEER	扩展错误报告。这个命令给出当上一次通话设置失败后中断通话的原因
AT + VTD	给用户提供应用 GSM 网络发送 DTMF（双音多频）双音频。这个命令用来定义双音频的长度（默认值是 300 ms）
AT + VTS	给用户提供应用 GSM 网络发送 DTMF 双音频。这个命令允许传送双音频
ATDL	重拨上次电话号码
AT% Dn	数据终端就绪（DTR）时自动拨号
ATS0	自动应答
AT + CICB	来电信差
AT + CSNS	单一编号方案
AT + VGR AT + VGT	增益控制。这个命令应用于调节喇叭的接收增益和麦克风的传输增益
AT + CMUT	麦克风静音控制
AT + SPEAKER	喇叭/麦克风选择。这个特殊命令用来选择喇叭和麦克风
AT + ECHO	回音取消
AT + SIDET	侧音修正
AT + VIP	初始化声音参数
AT + DUI	用附加的用户信息拨号
AT + HUI	用附加的用户信息挂机
AT + RUI	接收附加用户信息

3. 网络服务命令（见表6-20）

表6-20　网络服务命令

AT + CSQ	信号质量
AT + COPS	服务商选择
AT + CREG	网络注册。获得手机的注册状态
AT + WOPN	读取操作员名字
AT + CPOL	优先操作员列表

4. 安全命令（见表6-21）

表6-21　安全命令

AT + CPIN	输入 PIN
AT + CPIN2	输入 PIN2
AT + CPINC	PIN 的剩余的尝试号码
AT + CLCK	设备锁
AT + CPWD	改变密码

5. 电话簿命令（见表6-22）

表6-22　电话簿命令

AT + CPBS	选择电话簿记忆存储
AT + CPBR	读取电话簿表目
AT + CPBF	查找电话簿表目
AT + CPBW	写电话簿表目
AT + CPBP	电话簿电话查询
AT + CPBN	电话簿移动动作。这个特殊命令使电话簿中的条目前移或后移（按字母顺序）
AT + CNUM	签署者号码
AT + WAIP	防止在下一次重启时初始化所有的电话簿
AT + WDCP	删除呼叫电话号码
AT + CSVM	设置语音邮件号码

6. 短消息命令（见表6-23）

表 6-23　短消息命令

AT + CSMS	选择消息服务。支持的服务有 GSM-MO、SMS-MT、SMS-CB
AT + CNMA	新信息确认应答
AT + CPMS	优先信息存储。这个命令定义用来读写信息的存储区域
AT + CMGF	优先信息格式。执行格式有 TEXT 方式和 PDU 方式
AT + CSAS	保存设置。保存 + CSAS 和 + CSMP 的参数
AT + CRES	恢复设置
AT + CSDH	显示文本方式的参数
AT + CNMI	新信息指示。这个命令选择如何从网络上接收短信息
AT + CMGR	读短信。信息从 + CPMS 命令设定的存储器读取
AT + CMGL	列出存储的信息
AT + CMGS	发送信息
AT + CMGW	写短信息并存储
AT + CMSS	从存储器中发送信息
AT + CSMP	设置文本模式的参数
AT + CMGD	删除短信息。删除一个或多个短信息
AT + CSCA	短信服务中心地址
AT + CSCB	选择单元广播信息类型
AT + WCBM	单元广播信息标志
AT + WMSC	信息状态（是否读过、是否发送等）修正
AT + WMGO	信息覆盖写入
AT + WUSS	不改变 SMS 状态。在执行 + CMGR 或 + CMGL 后仍保持 UNREAD

7. 追加服务命令（见表6-24）

表 6-24　追加服务命令

AT + CCFC	呼叫继续
AT + CLCK	呼叫禁止
AT + CPWD	改变追加服务密码
AT + CCWA	呼叫等待

续表

AT + CLIR	呼叫线确认限制
AT + CLIP	呼叫线确认陈述
AT + COLP	联络线确认陈述
AT + CAOC	费用报告
AT + CACM	累计呼叫计量
AT + CAMM	累计呼叫计量最大值
AT + CPUC	单价和货币表
AT + CHLD	呼叫相关的追加服务
AT + CLCC	列出当前的呼叫
AT + CSSN	追加服务通知
AT + CUSD	无组织的追加服务数据
AT + CCUG	关闭的用户组

8. **数据命令**（见表 6-25）

表 6-25　数据命令

AT + CBST	信差类型选择
AT + FCLASS	选择模式。这个命令把模块设置成数据或传真操作的特殊模式
AT + CR	服务报告控制。这个命令允许更为详细的服务报告
AT + CRC	划分的结果代码。这个命令在呼叫到来时允许更为详细的铃声指示
AT + ILRR	本地 DTE-DCE 速率报告
AT + CRLP	无线电通信线路协议参数
AT + DOPT	其他无线电通信线路参数
AT% C	数据压缩选择
AT + DS	是否允许 V42 二度数据压缩
AT + DR	是否报告 V42 二度数据压缩
AT\N	数据纠错选择

9. 传真命令（见表 6-26）

表 6-26 传真命令

AT + FTM	传送速率
AT + FRM	接收速率
AT + FTH	用 HDLC 协议设置传真传送速率
AT + FRH	用 HDLC 协议设置传真接收速率
AT + FTS	停止特定时期的传送并等待
AT + FRS	接收沉默

10. 第二类传真命令（见表 6-27）

表 6-27 第二类传真命令

AT + FDT	传送数据
AT + FDR	接收数据
AT + FET	传送页标点
AT + FPTS	页转换状态参数
AT + FK	终止会议
AT + FBOR	页转换字节顺序
AT + FBUF	缓冲大小报告
AT + FCQ	控制拷贝质量检验
AT + FCR	控制接收传真的能力
AT + FDIS	当前会议参数
AT + FDCC	设置 DCE 功能参数
AT + FLID	定义本地 ID 串
AT + FPHCTO	页转换超时参数

11. V24-V25 命令（见表 6-28）

表 6-28 V24-V25 命令

AT + IPR	确定 DTE 速率
AT + ICF	确定 DTE-DCE 特征结构
AT + IFC	控制 DTE-DCE 本地流量

续表

AT&C	设置 DCD(数据携带检测)信号
AT&D	设置 DTR(数据终端就绪)信号
AT&S	设置 DST(数据设置就绪)信号
ATO	回到联机模式
ATQ	决定手机是否发送结果代码
ATV	决定 DCE 响应格式
ATZ	恢复为缺省设置
AT&W	保存设置
AT&T	自动测试
ATE	决定是否回显字符
AT&F	回到出厂时的设定
AT&V	显示模块设置情况
ATI	要求确认信息。这命令使 GSM 模块传送一行或多行特定的信息文字
AT + WMUX	数据/命令多路复用

12. 特殊 AT 命令(见表 6-29)

表 6-29　特殊 AT 命令

AT + CCED	小区环境描述
AT + WIND	一般指示
AT + ALEA	在 ME 和 MSC 之间的数据密码模式
AT + CRYPT	数据密码模式
AT + EXPKEY	键管理
AT + CPLMN	在 PLMN 上的信息
AT + ADC	模拟数字转换度量
AT + CMER	移动设备事件报告。这个命令决定是否允许在键按下时是否主动发送结果代码
AT + WLPR	读取语言偏好
AT + WLPW	写语言偏好

AT + WIOR	读取 GPIO 值
AT + WIOW	写 GPIO 值
AT + WIOM	输入/输出管理
AT + WAC	忽略命令。这个特殊命令允许忽略 SMS,SS 和可用的 PLMN
AT + WTONE	播放旋律
AT + WDTMF	播放 DTMF 旋律
AT + WDWL	下载模式
AT + WVR	配置信差的声音速率
AT + WDR	配置数据速率
AT + WHWV	显示硬件的版本
AT + WDOP	显示产品的出厂日期
AT + WSVG	声音增益选择
AT + WSTR	返回指定状态的状态
AT + WSCAN	扫描
AT + WRIM	设置或返回铃声指示模式
AT + W32K	是否允许 32 kHz 掉电方式
AT + WCDM	改变缺省旋律
AT + WSSW	显示内部软件版本
AT + WCCS	编辑或显示定制性质设置表
AT + WLCK	允许在特定的操作符上个性化 ME
AT + CPHS	设置 CPHS 命令
AT + WBCM	电池充电管理
AT + WFM	特性管理。是否允许模块的某些特性,如带宽模式、SIM 卡电压等
AT + WCFM	商业特性管理。是否允许 Wavecom 特殊特性
AT + WMIR	允许从当前存储的参数值创建定制的存储镜像
AT + WCDP	改变旋律的缺省播放器
AT + WMBN	设置 SIM 卡中的不同邮箱号码

13. SIM 卡工具箱命令(见表 6-30)

表 6-30　SIM 卡工具箱命令

AT + STSF	配置工具箱实用程序
AT + STIN	工具箱指示
AT + STGI	获得从 SIM 卡发来的预期命令的信息
AT + STCR	主动提供的结果:工具箱控制反应
AT + STGR	给出响应。允许程序或用户从主菜单上选择项目,或响应某些命令

【想一想】

如何利用 GPRS 模块的 GPRS 网络数据传输业务?

任务三　嵌入式蓝牙无线通信应用

【任务目的】

1. 了解蓝牙通信技术。
2. 理解蓝牙体系结构。
3. 掌握蓝牙无线通信配置。

【任务要求】

通过对串口编程来控制 GPRS 扩展板,实现发送固定内容的短信,接打语音电话等通信模块的基本功能。利用开发平台的键盘和液晶屏实现人机交互。

【任务分析】

蓝牙(Bluetooth) 技术,实际上是一种短距离无线电技术,利用“蓝牙”技术,能够有效地简化掌上电脑、笔记本电脑和移动电话手机等移动通信终端设备之间的通信,也能够成功地简化以上这些设备与因特网 Internet 之间的通信,从而使这些现代通信设备与因特网之间的数据传输变得更加迅速高效,为无线通信拓宽道路。蓝牙采用分散式网络结构以及快跳频和短包技术,支持点对点及点对多点通信,工作在全球通用的 2.4 GHz ISM(即工业、科学、医学)频段,其数据速率为 1 Mbit/s,采用时分双工传输方案实现全双工传输。

本任务主要是在 PC 机与开发板之间实现蓝牙无线通信。

【任务实施】

（1）配置编译内核蓝牙驱动模块

在上位机 Linux 系统运行以下命令，如图 6-24 所示。

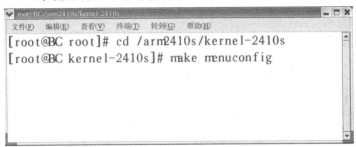

图 6-24　启动开发板内核配置

（2）配置开发板内核

选择 Bluetooth support 选项，如图 6-25 所示。

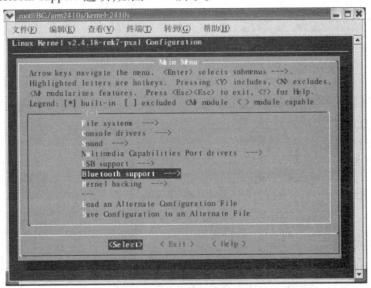

图 6-25　启动内核配置

进入 Bluetooth support 子选项，并作如下设置，< M >代表该项以模块方式编译，< * >代表该项编译进内核，如图 6-26 所示。

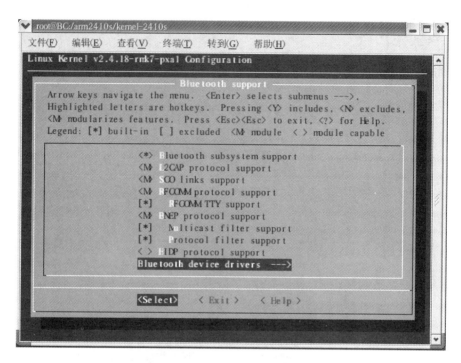

图 6-26　Bluetooth support 子选项配置

选中"Bluetooth device drivers→",回车进入其子菜单,编译方式如图 6-27 所示。

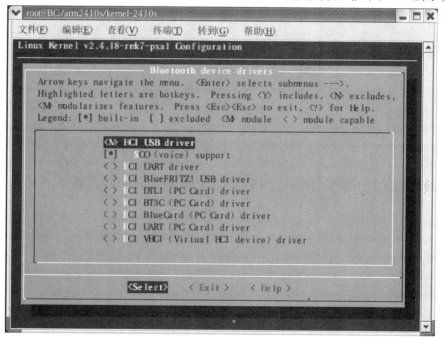

图 6-27　编译方式选择

选择好选项后,保存并退出 make menuconfig;如图 6-28 所示。

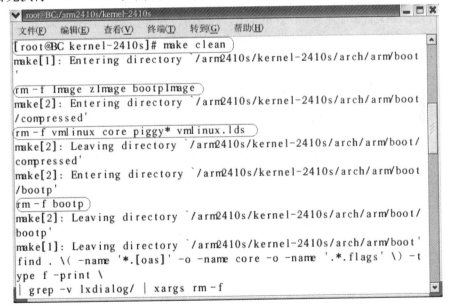

图 6-28　运行配置生效

首先执行 make clean 命令,删除上次编译产生的文件,如图 6-29 所示。

图 6-29　删除编译产生的冗余文件

其次执行 make dep 命令,按选项,重新生成新的依赖关系,图略。

再次执行 make bzImage 命令,编译内核映象文件 bzImage,图略。

最后执行 make modules 命令,编译 <M> 方式的模块,生成可 insmod 模块,图略。

新生成的内核映象文件 bzImage 位于/arm2410s/kernel-2410/arch /arm/ boot 下,如图

6-30 所示。

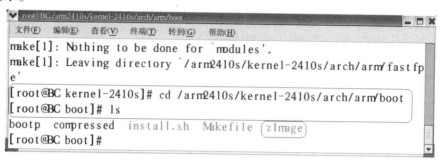

图 6-30　新生成的内核映象文件

（3）烧写内核

参考项目三中的任务二 Flash 程序烧写的实施，用串口把该文件下载到开发板的 Flash。

（4）复制文件

把 USB 蓝牙模块插入开发板的 USB 口，重启开发板。在 PC 机上，执行以下复制操作，如图 6-31 所示。

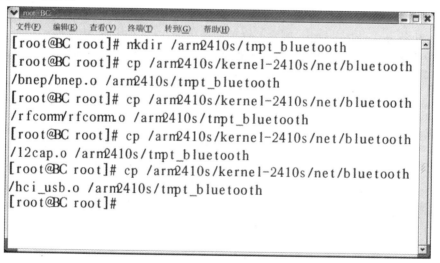

图 6-31　复制文件

在/arm2410s/tmpt_bluetooth 目录下，编写插入模块的 start. sh 脚本，其内容如图 6-32 所示。

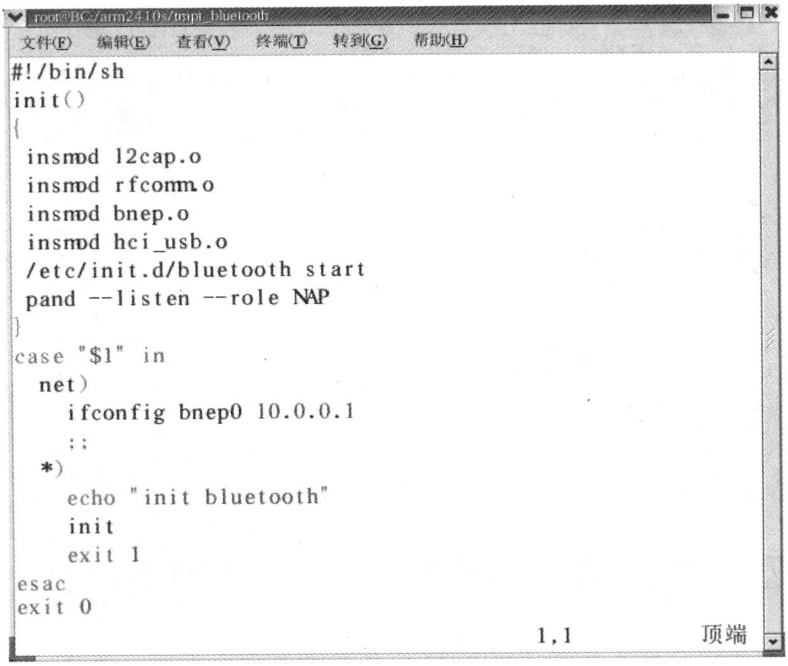

图 6-32　start.sh 脚本内容

通过超级终端,将 PC 机中的文件"mount"到开发板上,并在开发板上运行蓝牙服务,如图 6-33 所示。

图 6-33　运行脚本

(5)上位机 Windows 系统配置

在一台 Windows 系统的 PC 机上安装本次实验目录下的蓝牙驱动软件或其他蓝牙模块自带的软件,安装好后界面如图 6-34 所示。

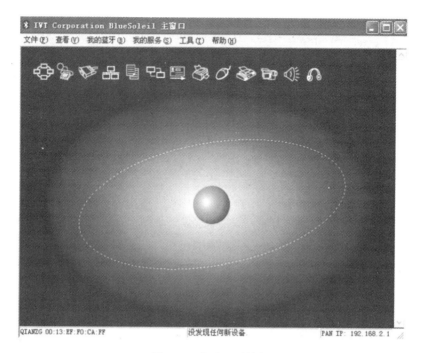

图 6-34　启动蓝牙软件

把 USB 蓝牙模块插入 Windows PC 机的 USB 口,单击图中的红太阳搜索蓝牙设备,会搜索到 Linux 蓝牙设备,如图 6-35 所示。

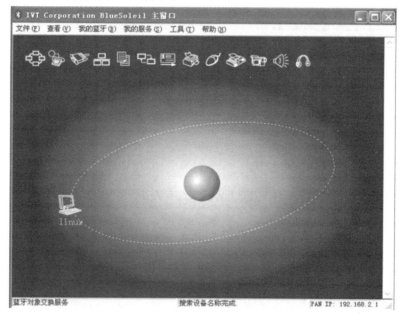

图 6-35　探索蓝牙设备

在 Linux 设备上单击右键,如图 6-36 所示,选择:"连接"→"蓝牙个人局域网服务",在弹出的对话框中选择"是",如图 6-37 所示。

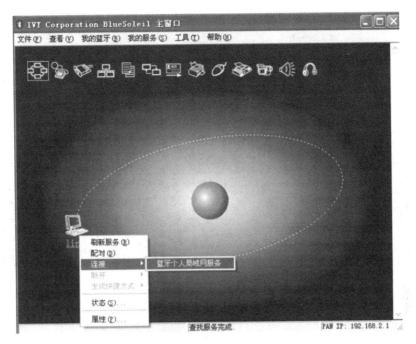

图 6-36　连接

图 6-37　设置蓝牙个人局域网服务

过 1～2 min，在显示屏的右下角会显示 Windows 下蓝牙设备分配的 IP 地址，如图
6-38 所示。

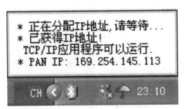

图 6-38　分配蓝牙设备 IP

(6)开发板运行

在开发板上运行带参数的 start. sh 文件。

/mnt/yaffs/tmpt_bluetooth/start. sh　net

然后用 ifconfig | more 命令来查看网卡,会发现比以前多了一个 bnep0 网卡,如图6-39所示。

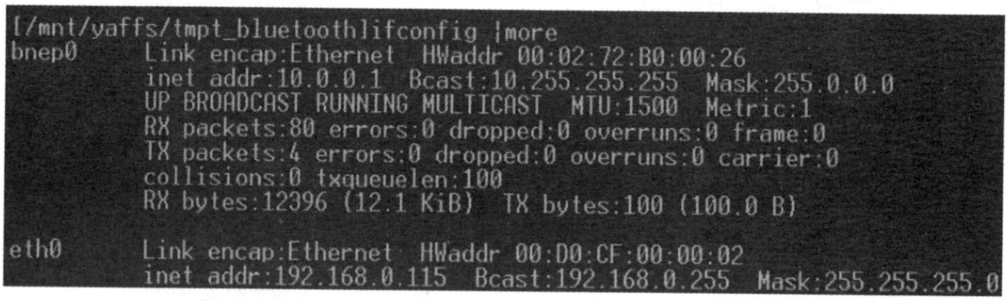
[/mnt/yaffs/tmpt_bluetooth]ifconfig |more
bnep0 Link encap:Ethernet HWaddr 00:02:72:B0:00:26
inet addr:10.0.0.1 Bcast:10.255.255.255 Mask:255.0.0.0
UP BROADCAST RUNNING MULTICAST MTU:1500 Metric:1
RX packets:80 errors:0 dropped:0 overruns:0 frame:0
TX packets:4 errors:0 dropped:0 overruns:0 carrier:0
collisions:0 txqueuelen:100
RX bytes:12396 (12.1 KiB) TX bytes:100 (100.0 B)
eth0 Link encap:Ethernet HWaddr 00:D0:CF:00:00:02
inet addr:192.168.0.115 Bcast:192.168.0.255 Mask:255.255.255.0

图 6-39　查看网卡

用 ifconfig　bnep0　169. 254. 145. 112 重新为 bnep0 设备分配 IP,并且 ping PC 机的 IP,看是否 ping 得通。

Ping　169. 254. 145. 113

若一切顺利,接下来就可以把 bnep0 作为网卡来连接网络了。可以尝试一下开发板提供的 ftp 服务,在浏览器中输入 ftp://169. 254. 145. 112,关闭弹出的用户名错误警告,在浏览器空白处单击右键,在弹出的快捷菜单中选择登录。填入用户名 root,密码无,然后登录,结果如图 6-40 所示。登录后,即可查看服务器文件,如图 6-41 所示。

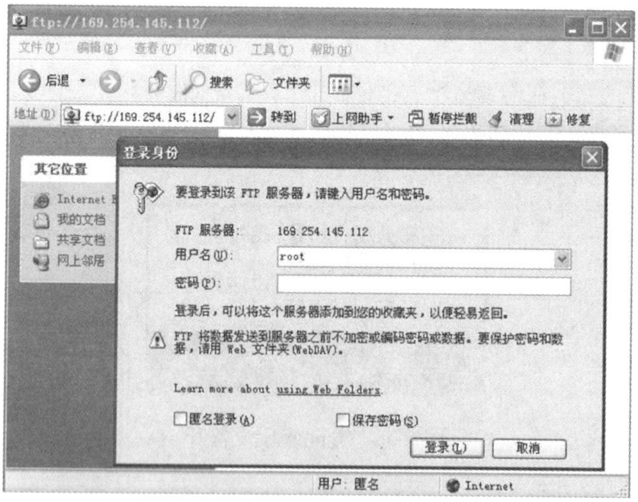
ftp://169.254.145.112/
登录身份
要登录到该 FTP 服务器,请键入用户名和密码。
FTP 服务器: 169.254.145.112
用户名(U): root
密码(P):
登录后,可以将这个服务器添加到您的收藏夹,以便轻易返回。
FTP 将数据发送到服务器之前不加密或编码密码或数据。要保护密码和数据,请用 Web 文件夹(WebDAV)。
Learn more about using Web Folders.
匿名登录(A)
保存密码(S)
登录(L)
取消

图 6-40　登录 FTP 服务器

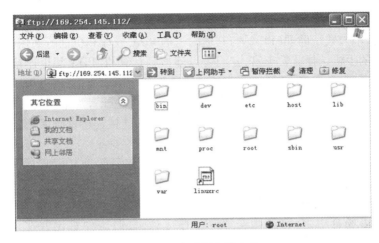

图 6-41 查看服务器文件

【任务小结】

通过本任务的实施,可学习使用 ARM 嵌入式开发平台配置的 GPRS 扩展板,了解 GPRS 通信原理,认识 GPRS 通信电路的主要构成,同时掌握 GPRS 模块的控制接口和 AT 命令。

【知识点梳理】

知识点一 蓝牙通信技术概述

蓝牙(Bluetooth)技术是由爱立信、诺基亚、Intel、IBM 和东芝 5 家公司于 1998 年 5 月 共同提出开发的。蓝牙技术的本质是设备间的无线连接,主要用于通信与信息设备。近 年来,在电声行业中也开始使用。蓝牙技术依据发射输出电平可以有 3 种距离等级, Class 1 为 100 m 左右、Class 2 约为 10 m、Class 3 为 2~3 m。一般情况下,其正常的工作 范围是 10 m 半径之内。在此范围内,可进行多台设备间的互联。但对于某些产品,设备 间的联接距离甚至远隔 100 m 也照样能建立蓝牙通信与信息传递。其主要特点如下:

蓝牙工作在全球开放的 2.4 GHz ISM(即工业、科学、医学)频段;

使用跳频频谱扩展技术,把频带分成若干个跳频信道(Hop Channel),在一次连接中, 无线电收发器按一定的码序列不断地从一个信道"跳"到另一个信道;

一台蓝牙设备可同时与其他 7 台蓝牙设备建立连接;

数据传输速率可达 1 Mbit/s;

低功耗、通信安全性好;

在有效范围内可越过障碍物进行连接,没有特别的通信视角和方向要求;

支持语音传输;

组网简单方便。

蓝牙用于在不同的设备之间进行无线连接,例如连接计算机和外围设施,如打印机、键盘等,又或让个人数字助理(PDA)与其他附近的 PDA 或计算机进行通信。目前市面上具备蓝牙技术的手机选择非常丰富,它们可以连接到计算机、PDA 甚至连接到免提听筒。事实上,根据已订立的标准,蓝牙可以支持功能更强的长距离通信,用以构成无线局域网。每个 Bluetooth 设备可同时维护 7 个连接,可以将每个设备配置为不断向附近的设备声明其存在,以便建立连接。另外也可以对两个设备之间的连接进行密码保护,以防止被其他设备接收。

蓝牙的标准是 IEEE 802.15,蓝牙协议工作在无须许可的 ISM 频段的 2.45 GHz。最高速度可达 723.1 kB/s。为了避免干扰可能使用 2.45 GHz 的其他协议,蓝牙协议将该频段划分成 79 条信道,并且最多每秒可更换信道 1 600 次。

在一些应用场合中,会将蓝牙与 Wi-Fi 进行对比,但这种对比并非很合适。因为Wi-Fi 是一个更加快速的协议,覆盖范围更大。虽然两者使用相同的频率范围,但是需要不同的硬件设备。蓝牙应该被用来在不同的设备之间创建无线连接,而 Wi-Fi 是个无线局域网协议,两者的目的是不同的。

蓝牙目前的主流版本为 v1.2 和 v2.0,提供了更加丰富的 Profile。在目前比较新的蓝牙标准(v2.1 + EDR)中,则提供了对增强数据速率(Enhanced Data Rate,EDR)的支持,提高了蓝牙技术的实用价值。

知识点二　蓝牙体系结构

蓝牙体系结构包括 3 部分,各部分的构成如图 6-42 所示。下面就硬件、软件、路由机制 3 方面作简略说明。

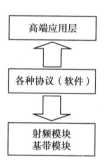

1. 硬件部分

(1)射频模块

将基带模块的数据包通过无线电信号以一定的功率和跳频频率发送出去,实现蓝牙设备的无线连接。

(2)基带模块

采用查询和寻呼方式,使跳频时钟及跳频频率同步,为数据分组提　图 6-42　蓝牙体系供对称连接(SCO)和非对称连接(ASL),并完成数据包的定义、前向纠　　　　结构图
错、循环冗余校验、逻辑通道选择、信号噪化、鉴权、加密、编码和解码等功能。它采用混合电路交换和分组交换方式,既适合语音传送,也适合一般的数据传送。每一个语音通道支持 64 kB/s 同步语音,异步通道支持最大速率 723.2 kbit/s(反向 57.6 kbit/s)的非对称连接或 433.9 kB/s 的对称连接。

2. 蓝牙协议(软件)

(1)链路管理协议(LMP)

通过对链接的发送、交换、实施身份鉴权和加密,并通过协商确定基带数据分组的大

小,控制射频部分的电源模式、工作周期及网络内蓝牙设备的连接状态。

（2）逻辑链路控制与应用协议（L2CAP）

L2CAP 与 LMP 平行工作,共同实现 OSI 的数据链路层的功能。它可提供对称连接和非对称连接的数据服务。

（3）串行电缆仿真协议（RFCOMM）

在蓝牙的基带上仿真 RS-232 的功能,实现设备串行通信。例如,在拨号网络中,主机将 AT 命令发送到调制解调器,再传送到局域网,建立连接后,应用程序就可以通过RFCOMM 提供的串口发送和接收数据。

（4）服务发现协议（SDP）

按照用户需要,发现相应服务及有关设备,并给出服务与设备列表。工作过程如下:

主设备广播一条信息,从设备作出相应的反应,将收集到的地址存于主设备的内存中,然后主设备从中选择一个地址,利用链路管理代理所提供的进程在物理层建立连接。一旦建立了服务发现协议,在主从设备之间的物理层连接上就建立了一条 LZCAP 点对点通信层。

3. 无线办公网络的路由机制

利用蓝牙技术构建现代企业无线办公网络,实现的基本功能包括:

文件、档案、报表、设备资源的共享和互联,比如,PC 机之间的互联,PC 机与各种外设或智能设备的互联和共享等;

利用蓝牙设备无线访问单位内部局域网以及 Internet;

通过一定的路由机制实现办公网络内部的各个匹克网之间的互联。

根据企业的实际需要,企业无线网络由多个匹克网（Piconet）构成,而不同匹克网之间的通信应该只在办公网络内部进行路由,而不应通过局域网,这就需要建立一种特殊的路由机制,使得各匹克网之间的通信能够进行正确的路由,达到方便快捷的通信、拓宽通信范围、减轻网络负载的目的。

（1）蓝牙网关

用于办公网络内部的蓝牙移动终端通过无线方式访问局域网以及 Internet;跟踪、定位办公网络内的所有蓝牙设备,在两个属于不同匹克网的蓝牙设备之间建立路由连接,并在设备之间交换路由信息。

主要功能包括:

实现蓝牙协议与 TCP/IP 协议的转换,完成办公网络内部蓝牙移动终端的无线上网功能。

在安全的基础上实现蓝牙地址与 IP 地址之间的地址解析,它利用自身的 IP 地址和TCP 端口来唯一地标志办公网络内部没有 IP 地址的蓝牙移动终端,如蓝牙打印机等。

通过路由表来对网络内部的蓝牙移动终端进行跟踪、定位,使得办公网络内部的蓝牙移动终端可以通过正确的路由,访问局域网或者另一个匹克网中的蓝牙移动终端。

在两个属于不同匹克网的蓝牙移动终端之间交换路由信息,从而完成蓝牙移动终端通信的漫游与切换。在这种通信方式中,蓝牙网关在数据包路由过程中充当中继作用,相当于蓝牙网桥。

（2）蓝牙移动终端（MT）

蓝牙移动终端是普通的蓝牙设备,能够与蓝牙网关以及其他蓝牙设备进行通信,从而实现办公网络内部移动终端的无线上网以及网络内部文件、资源的共享。各个功能模块关系如图6-43所示。

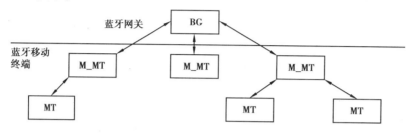

图6-43　蓝牙移动终端各功能模块关系

如果目的端位于单位内部的局域网或者Internet,则需要通过蓝牙网关进行蓝牙协议与TCP/IP协议的转换,如果该MT没有IP地址,则由蓝牙网关来提供,其通信方式为MT-BG-MT。如果目的端位于办公网络内部的另一个匹克网,则通过蓝牙网关来建立路由连接,从而完成整个通信过程的漫游,其通信方式为MT-BG-M_MT（为主移动终端）-MT。采用蓝牙技术也可使办公室的每个数据终端互相连通。

知识点三　Linux Bluetooth 软件层

BlueZ是官方Linux Bluetooth栈,由主机控制接口（Host Control Interface, HCI）层、Bluetooth协议核心、逻辑链路控制和适配协议（Logical Link Control and Adaptation Protocol, L2CAP）、SCO音频层、其他Bluetooth服务、用户空间后台进程以及配置工具组成。

Bluetooth规范支持针对Bluetooth HCI数据分组的UART（通用异步接收器/传送器）和USB传输机制。BlueZ栈对这两个传输机制（drivers/Bluetooth/）都支持。BlueZ BNEP（Bluetooth网络封装协议）实现了Bluetooth上的以太网仿真,这使TCP/IP可以直接运行于Bluetooth之上。BNEP模块（net/bluetooth/bnep/）和用户模式pand后台进程实现了Bluetooth个人区域网（PAN）。BNEP使用register_netdev将自己作为以太网设备注册到Linux网络层,并使用上面为WLAN驱动程序描述的netif_rx来填充sk_buffs并将其发送到协议栈。BlueZ RFCOMM（net/bluetooth/rfcomm/）提供Bluetooth上的串行仿真,这使得串行端口应用程序（如minicom）和协议（如点对点协议（PPP））不加更改地在Bluetooth上运行。RFCOMM模块和用户模式dund后台进程实现了Bluetooth拨号网络。

知识点四　Bluetooth USB **适配器**

Bluetooth USB 适配器拥有一个 Bluetooth CSR 芯片组,并使用 USB 传输器来传输 HCI 数据分组。因此,Linux USB 层、BlueZ USB 传输器驱动程序以及 BlueZ 协议栈是使设备工作的主要内核层。

Linux USB 子系统类似于 PCMCIA 子系统,它们都有与移动设备交互的主机控制器设备驱动程序,并且都包含一个向主机控制器和单个设备的设备驱动程序提供服务的核心层。

USB 主机控制器遵循两个标准之一:UHCI(通用主机控制器接口)或 OHCI(开放式主机控制器接口)。由于具有 PCMCIA,单个 USB 设备的 Linux 设备驱动程序不依赖于主机控制器。

经由 USB 设备传输的数据分为 4 种类型(或管道):

- Control;
- Interrupt;
- Bulk;
- Isochronous。

前两个通常用于小型消息,而后两个则用于较大型的消息。

【想一想】

如何利用蓝牙实现开发板与上位机 Linux 之间的文件传输?

附　录

附录 I　ARM 异常处理说明

进入异常处理时保存在相应 R14 中的 PC 值，以及在退出异常处理时推荐使用的指令，见附表 1-1。

附表 1-1　R14 的状态值

	返回指令	以前的状态		注意
		ARM R14_X	Thumb R14_X	
BL	MOV PC,R14	PC + 4	PC + 2	1
SWI	MOV PC,R14_svc	PC + 4	PC + 2	1
UDEF	MOV PC,R14_und	PC + 4	PC + 2	1
FIQ	SUBS PC R14_fiq,#4	PC + 4	PC + 4	2
IRQ	SUBS PC R14_irq,#4	PC + 4	PC + 4	2
PABT	SUBS PC R14_abt,#4	PC + 4	PC + 4	1
DABT	SUBS PC R14_abt,#8	PC + 8	PC + 8	3
RESET	NA	—	—	4

注意：
①在此 PC 应是具有预取中止的 BL/SWI/未定义指令所取的地址。
②在此 PC 是从 FIQ 或 IRQ 取得不能执行的指令的地址。
③在此 PC 是产生数据中止的加载或存储指令的地址。
④系统复位时，保存在 R14_svc 中的值是不可预知的。
异常向量地址见附表 1-2。

附表 1-2　异常向量地址

异常类型	处理器模式	异常向量	
		正常地址	高位地址
复位	管理	0X00000000	0XFFFF0000
未定义指令	未定义	0X00000004	0XFFFF0004
软件中断(SWI)	管理	0X00000008	0XFFFF0008
指令预取中止	中止	0X0000000C	0XFFFF000C
数据访问中止	中止	0X00000010	0XFFFF0010

续表

异常类型	处理器模式	异常向量	
		正常地址	高位地址
保留	—	0X00000014	0XFFFF0014
IRQ 中断	外部中断	0X00000018	0XFFFF0018
FIQ 中断	快速中断	0X0000001C	0XFFFF001C

　　在应用程序的设计中,异常处理所采用的方式是在异常向量表中的特定位置放置一条跳转指令,跳转到异常处理程序,当 ARM 处理器发生异常时,程序计数器 PC 会被强制设置为对应的异常向量,从而跳转到异常处理程序,当异常处理完成以后,返回到主程序继续执行。

　　当多个异常同时发生时,系统根据固定的优先级决定异常的处理次序。异常优先级由高到低的排列次序见附表 1-3。

附表 1-3　异常优先级

优先级	异　常
1(最高)	复位
2	数据中止
3	FIQ
4	IRQ
5	预取指令中止
6(最低)	未定义指令,SWI

附录 Ⅱ　嵌入式 Linux_C 函数快速参考

1. 内存管理函数

相关函数：malloc

头文件　：#include ＜stdlib. h＞

函数原型：void ＊ malloc(size_t size) ;

函数说明：分配内存。

返回值　：成功返回分配的内存的首地址；

　　　　　失败返回 NULL。

相关函数：free

头文件　：#include ＜stdlib. h＞

函数原型：void free(void ＊ ptr) ;

函数说明：释放内存,参数 ptr 为函数 malloc 返回的指针,调用 free 后 ptr 所指向的内存会被系统回收。

返回值　　：无。

相关函数：mmap（内存映射）

头文件　　：#include ＜unistd.h＞

　　　　　　#include ＜sys/mman.h＞

函数原型：void mmap(void ＊start, size_t length, int prot, int flags, int fd, off_t offset);

函数说明：mmap 用来将某个文件映射到内存中,通过对内存的读写实现对文件的操作。

　　　　　　参数含义如下：

　　start　：指向映射后的内存起始地址,通常设为 NULL,表示让系统来选定映射地址。操作成功后,start 里的值为映射后的内存首地址。

　　length：指定文件中被映射的部分的长度,以字节为单位。0 表示全部映射。

　　prot　：映射区域的使用方式,有以下选项：

　　　　　　PROT_EXEC　　映射区域可被执行;

　　　　　　PROT_READ　　映射区域可被读取;

　　　　　　PROT_WRITE　　映射区域可被写入;

　　　　　　PROT_NONE　　映射区域不能存取。

　　flag　：设置映射区域的属性,有以下选项：

　　　　　　MAP_FIXED　　如果 start 指定的地址无法映射,则放弃映射;

　　　　　　MAP_SHARED　　对映射区域的修改会复制回文件,而且允许其他映射该文件的进程共享;

　　　　　　MAP_PRIVATE　　不会影响被映射的文件;

　　　　　　MAP_ANONYMOUS　　建立匿名映射,不涉及文件,无法和其他进程共享;

　　　　　　MAP_LOCKED　　将映射区域锁住。

　　fd　　：文件描述符,代表要映射的文件。

　　offset：文件映射的偏移量。通常设置为 0,代表从文件开始处映射,offset 必须是分页大小的整数倍。

返回值　　：无。

相关函数：munmap

头文件　　：#include ＜unistd.h＞

　　　　　　#include ＜sys/mman.h＞

函数原型：int munmap(void ＊start, size_t length);

函数说明：取消参数 start 所指向的映射内存。当进程结束时,内存映射会自动取消,但关闭对应的文件描述符不会取消映射。

返回值　：0,操作成功；

　　　　　-1,操作失败,错误原因存于 errno 中。

2. 字符串处理函数

相关函数：bzero

头文件　：#include ＜string. h＞

函数原型：void bzero(void ＊s, int n) ;

函数说明：将参数 s 指向的内存区域前 n 个字节,全部设置为0。

返回值　：无。

相关函数：memcpy

头文件　：#include ＜string. h＞

函数原型：void ＊ memcpy(void ＊ dest, const void ＊ src, size_t n) ;

函数说明：拷贝 src 所指向的内存前 n 个字节到 dest 所指向的内存。

返回值　：返回 dest 的值。

相关函数：memcmp

头文件　：#include ＜string. h＞

函数原型：int memcpy(const void ＊ s1, const void ＊ s2, size_t n) ;

函数说明：比较 s1 和 s2 所指向内存区域前 n 个字节。

返回值　：若完全相同则返回0。若 s1 指向的内存中的值大于 s2 指向的内存,则返回大于0的值;否则,返回小于0的值。

相关函数：memset

头文件　：#include ＜string. h＞

函数原型：void ＊ memset(void ＊ s, int c, size_t n) ;

函数说明：将参数 s 所指向的内存前 n 个字节以参数 c 填入。

返回值　：返回 s 的值。

相关函数：strcat

头文件　：#include ＜string. h＞

函数原型：char ＊ strcat(char ＊ dest, const char ＊ src) ;

函数说明：将参数 str 指向的字符串复制到参数 dest 所指向的字符串尾,dest 所指向的内存空间要足够大。

返回值　：返回 dest 的值。

相关函数：strncat

头文件　：#include ＜string. h＞

函数原型：char ＊ strncat(char ＊ dest, const char ＊ src, size_t n) ;

函数说明：将参数 str 指向的字符串复制 n 个字符到参数 dest 所指向的字符串尾,dest 所指向的内存空间要足够大。

返回值　　：返回 dest 的值。

相关函数：strcmp

头文件　　：#include ＜string. h＞

函数原型：int strcmp(const char ＊s1, const char ＊s2);

函数说明：比较参数 s1 和 s2 所指向的字符串。

返回值　　：若字符串相等则返回0;若字符串 s1 大于字符串 s2 则返回大于0 的整数;
　　　　　　否则,返回小于0 的整数。

相关函数：strncmp

头文件　　：#include ＜string. h＞

函数原型：int strncmp(const char ＊s1, const char ＊s2, size_t n);

函数说明：比较参数 s1 和 s2 所指向的字符串的前 n 个字符。

返回值　　：若字符串相等则返回0;若字符串 s1 大于字符串 s2,则返回大于0 的整
　　　　　　数;否则,返回小于0 的整数。

相关函数：strcpy

头文件　　：#include ＜string. h＞

函数原型：char ＊strcpy(char ＊dest, const char ＊src);

函数说明：将参数 str 指向的字符串复制到参数 dest 所指向的地址。

返回值　　：返回 dest 的值。

相关函数：strncpy

头文件　　：#include ＜string. h＞

函数原型：char ＊strncpy(char ＊dest, const char ＊src, size_t n);

函数说明：将参数 str 指向的字符串前 n 个字符复制到参数 dest 所指向的地址。

返回值　　：返回 dest 的值。

相关函数：strlen

头文件　　：#include ＜string. h＞

函数原型：size_t strlen(const char ＊s);

函数说明：计算指定的字符串 s 的长度,不包括结束符' \0' 。

返回值　　：返回字符串 s 包含的字符数。

相关函数：strstr

头文件　　：#include ＜string. h＞

函数原型：char ＊strstr(const char ＊haystack, const char ＊needle);

函数说明：在字符串 haystack 中查找字符串 needle。

返回值　　：返回指定字符串第一次出现的地址,否则返回 NULL。

3. 时间和随机数函数

相关函数：ctime

头文件　　：#include ＜time. h＞

函数原型：char ＊ctime(const time_t ＊timeptr)；

函数说明：将参数 timeptr 所指向的 time_t 结构中的信息转换成时间日期表示方法，以字符串形式返回。

返回值　　：指向包含时间信息的字符串的指针。

相关函数：localtime

头文件　　：#include ＜time.h＞

函数原型：struct tm ＊localtime(const time_t ＊timeptr)；

函数说明：将参数 timeptr 所指向的 time_t 结构中的信息转换成时间日期表示方法，将结果以结构 tm 返回。

返回值　　：指向包含时间信息的结构 tm 的指针。

相关函数：time

头文件　　：#include ＜time.h＞

函数原型：time_t time(time_t ＊t)；

函数说明：此函数会返回从 1970 年 1 月 1 日 UTC 时间 0 时 0 分 0 秒算起到现在为止经过的秒数。若指针 t 不为空，则秒数也会保存到 t 指向的内存中。

返回值　　：成功返回秒数；失败返回 −1。

相关函数：srand

头文件　　：#include ＜stdlib.h＞

函数原型：void srand(unsigned int seed)；

函数说明：用来设置 rand()产生随机数时的随机数种子，参数 seed 必须是整数。通常使用 getpid()或 time(0)的返回值当作 seed。

返回值　　：无。

相关函数：rand

头文件　　：#include ＜stdlib.h＞

函数原型：int rand(void)；

函数说明：返回一随机数，范围在 0 至 RAND_MAX 之间。调用此函数之前，必须先利用 srand()设置好随机数种子。

返回值　　：0 至 RAND_MAX 之间的随机数。

4. 文件 I/O 函数

相关函数：open

头文件　　：#include ＜sys/types.h＞

　　　　　　#include ＜sys/stat.h＞

　　　　　　#include ＜fcntl.h＞

函数原型：int open(const char ＊pathname, int flags)；

　　　　　　int open(const char ＊pathname, int flags, mode_t mode)；

函数说明：参数 pathname 指向要打开的文件路径字符串。

参数 flags 含义如下：

O_RDONLY	以只读方式打开文件。
O_WRONLY	以只写方式打开文件。
O_RDWR	以读写方式打开文件。
O_CREAT	若需打开的文件不存在则创建该文件。
O_EXCL	如果 O_CREAT 也被设置，此选项会去检查文件是否存在。文件若不存在则建立该文件，否则出错。
O_NOCTTY	如果要打开的文件为终端机设备时，则不会将该终端机当成进程控制终端机。
O_TRUNC	若文件存在且以可写的方式打开时，此选项会把文件长度清为 0。
O_APPEND	写入的数据会以附加的方式加入到文件末尾。
O_NONBLOCK	以非阻塞的方式打开文件。

参数 mode 含义如下：

S_IRWXU	00700，	代表文件所有者具有读、写和执行的权限。
S_IRUSR	00400，	代表文件所有者具有读的权限。
S_IWUSR	00200，	代表文件所有者具有写的权限。
S_IXUSR	00100，	代表文件所有者具有执行的权限。
S_IRWXG	00070，	代表文件所属组具有读、写和执行的权限。
S_IRGRP	00040，	代表文件所属组具有读的权限。
S_IWGRP	00020，	代表文件所属组具有写的权限。
S_IXGRP	00010，	代表文件所属组具有执行的权限。
S_IRWXO	00007，	代表其他用户具有读、写和执行的权限。
S_IROTH	00004，	代表其他用户具有读的权限。
S_IWOTH	00002，	代表其他用户具有写的权限。
S_IXOTH	00001，	代表其他用户具有执行的权限。

返回值　：操作成功返回要打开文件的文件描述符，否则返回 -1。

相关函数：close

头文件　：#include <unistd.h>

函数原型：int close(int fd);

函数说明：当使用完文件后可以用 close() 关闭该文件。参数 fd 是之前用 open 打开的文件描述符。

返回值　：若文件顺利关闭则返回 0，否则返回 -1。

相关函数：read

头文件　：#include <unistd.h>

函数原型：ssize_t read(int fd, void * buf, size_t count);

函数说明：从参数 fd 所指向的文件中读取 count 个字节到 buf 指向的内存中。

返回值　　：返回实际读取的字节数,如果返回0,表示已到达文件尾或无数据可读。

相关函数：write

头文件　　：#include ＜unistd.h＞

函数原型：ssize_t write(int fd, const void ＊ buf, size_t count);

函数说明：把参数 buf 指向的内存中 count 个字节的内容写到 fd 所指向的文件内。

返回值　　：返回实际写入的字节数,如有错误发生返回 −1。

相关函数：lseek

头文件　　：#include ＜unistd.h＞

　　　　　　#include ＜sys/types.h＞

函数原型：off_t lseek(int fd, off_t offset, int whence);

函数说明：每个已打开的文件都有一个读写位置。当打开文件时通常读写位置是指
向文件开始;若是以附加的方式打开,则读写位置会指向文件尾。对文件
的读写操作会引起读写位置的变化。

　　　　　　参数 fd 为已打开的文件描述符。

　　　　　　参数 offset 为根据参数 whence 来移动读写位置的偏移量。

　　　　　　参数 whence 为移动读写位置的基准点,含义如下:

　　　　　　SEEK_SET　　文件的开始处为基准点;

　　　　　　SEEK_CUR　　文件的当前位置为基准点;

　　　　　　SEEK_END　　文件的末尾为基准点。

返回值　　：返回实际写入的字节数,如有错误发生返回 −1。

相关函数：sync

头文件　　：#include ＜unistd.h＞

函数原型：int sync(void);

函数说明：把系统缓冲区数据写回磁盘,确保数据同步。

返回值　　：操作成功返回0,否则返回。

5. 标准 I/O 函数

相关函数：fopen

头文件　　：#include ＜stdio.h＞

函数原型：FILE ＊fopen(const char ＊ path, const char ＊ mode);

函数说明：参数 path 字符串包含要打开的文件路径和文件名。

　　　　　　参数 mode 代表打开的方式,含义如下:

　　　　　　r　　打开只读文件,该文件必须存在。

　　　　　　r+　打开可读写的文件,该文件必须存在。

　　　　　　w　　打开只写文件,若该文件存在,则长度清为0;若文件不存在则新
建该文件。

　　　　　　w+　打开可读写文件,若该文件存在,则长度清为0;若文件不存在则

新建该文件。

a　以附加方式打开只写文件,若文件不存在则新建该文件;若文件存在,写入的数据会被添加到文件末尾。

a +　以附加方式打开可读写文件,若文件不存在则新建该文件;若文件存在,写入的数据会被添加到文件末尾。

上述选项都可以再加上一个 b 字符,如 rb, wb + 表示打开的文件为二进制文件,而非纯文本文件。但在 Linux 系统中会忽略该字符。

返回值　 : 文件顺利打开后,返回指向该流的文件指针。若打开失败返回 NULL。

相关函数 : fclsoe

头文件　 : #include < stdio. h >

函数原型 : int fclose(FILE ∗ stream) ;

函数说明 : 关闭先前用 fopen 打开的文件。

返回值　 : 操作成功返回 0,否则返回 −1。

相关函数 : feof

头文件　 : #include < stdio. h >

函数原型 : int feof(FILE ∗ stream) ;

函数说明 : 检测是否读取到了文件末尾。

返回值　 : 返回非零值表示到达文件末尾。

相关函数 : fflush

头文件　 : #include < stdio. h >

函数原型 : int fflush(FILE ∗ stream) ;

函数说明 :强制将缓冲区里的数据写回 stream 指向的文件。如果参数 stream 为 NULL,会将所有打开的文件数据更新。

返回值　 : 操作成功返回 0,否则返回 −1。

相关函数 : getchar

头文件　 : #include < stdio. h >

函数原型 : int getc(void) ;

函数说明 : 从标准输入中读取一个字符。

返回值　 : 返回读取到的字符,若返回 −1 表示有错误发生。

相关函数 : getc

头文件　 : #include < stdio. h >

函数原型 : int getc(FILE ∗ stream) ;

函数说明 : 从参数 stream 指向的文件中读取一个字符,作用和 fgetc 相同,为宏定义。

返回值　 : 返回读取到的字符,若返回 −1 则表示到了文件末尾。

相关函数 : fgetc

头文件　 : #include < stdio. h >

函数原型 : int fgetc(FILE ∗ stream) ;

函数说明：从参数 stream 指向的文件中读取一个字符。

返回值　：返回读取到的字符,若返回 −1 则表示到了文件末尾。

相关函数：fgets

头文件　：#include ＜stdio. h＞

函数原型：char ＊fgets(char ＊s, int size, FILE ＊stream) ;

函数说明：从参数 stream 指向的文件中读取字符并存放到参数 s 所指向的内存空间,
　　　　　知道出现换行符、文件末尾或者已读取了 size − 1 个字符为止,最后会加
　　　　　上'\0'作为字符串结束。

返回值　：操作成功返回 s 的值,有错误发生返回 NULL。

相关函数：fread

头文件　：#include ＜stdio. h＞

函数原型：size_t fread(void ＊ptr, size_t size, size_t nmemb, FILE ＊stream) ;

函数说明：从文件流中读取指定大小的数据。

　　　　　参数 ptr 指向要存放读取的数据的地址空间。

　　　　　参数 size 表示要读取的基本数据单位的大小,以 bit 为单位。

　　　　　参数 nmemb 表示要读取的基本数据单位的个数。

　　　　　参数 stream 为已打开的文件指针。

返回值　：返回实际读取到的基本数据单位的个数。

相关函数：putchar

头文件　：#include ＜stdio. h＞

函数原型：int putchar(int c) ;

函数说明：将参数 c 字符写到标准输出设备。

返回值　：返回输出到的字符,若返回 −1 则代表输出失败。

相关函数：putc

头文件　：#include ＜stdio. h＞

函数原型：int putc(int c, FILE ＊stream) ;

函数说明：将参数 c 转为 unsigned char 后写入参数 stream 指定的文件中。作用和
　　　　　fputc 相同,为宏定义。

返回值　：返回输出到的字符,若返回 −1 则代表输出失败。

相关函数：fputc

头文件　：#include ＜stdio. h＞

函数原型：int fputc(int c, FILE ＊stream) ;

函数说明：将参数 c 转为 unsigned char 后写入参数 stream 指定的文件中。

返回值　：返回输出到的字符,若返回 −1 则代表输出失败。

相关函数：puts

头文件　：#include ＜stdio. h＞

函数原型：int puts(const char ＊s) ;

函数说明：将参数 s 指向的字符串写到标准输出设备。

返回值　：成功返回输出的字符个数,若返回 –1 则代表有错误发生。

相关函数：fputs

头文件　：#include ＜stdio.h＞

函数原型：int fputs(const char ＊s, FILE ＊stream);

函数说明：将参数 s 指向的字符串写到参数 stream 指向的文件。

返回值　：成功返回输出的字符个数,若返回 –1 则代表有错误发生。

相关函数：fwrite

头文件　：#include ＜stdio.h＞

函数原型：size_t fwrite(const void ＊ptr, size_t size, size_t nmemb, FILE ＊stream);

函数说明：将数据写入文件流中。

　　　　　参数 ptr 指向要写入的数据地址。

　　　　　参数 size 表示要写入的基本数据单位的大小,以 bit 为单位。

　　　　　参数 nmemb 表示要写入的基本数据单位的个数。

　　　　　参数 stream 为已打开的文件指针。

返回值　：返回实际写入的基本数据单位的个数。

相关函数：fseek

头文件　：#include ＜stdio.h＞

函数原型：int fseek(FILE ＊stream, long offset, int whence);

函数说明：移动文件流的读写位置。

　　　　　参数 stream 为已打开的文件指针。

　　　　　参数 offset 为移动读写位置的位移数。

　　　　　参数 whence 为移动时的基准点,含义如下:

　　　　　　　SEEK_SET　　文件的开始处为基准点。

　　　　　　　SEEK_CUR　　文件的当前位置为基准点。

　　　　　　　SEEK_END　　文件的末尾为基准点。

返回值　：调用成功时返回 0,有错误时返回 –1。

相关函数：ftell

头文件　：#include ＜stdio.h＞

函数原型：long ftell(FILE ＊stream);

函数说明：取得文件流当前的读写位置。

返回值　：成功时返回当前的读写位置,若有错误返回 –1。

相关函数：rewind

头文件　：#include ＜stdio.h＞

函数原型：void rewind(FILE ＊stream);

函数说明：把文件流的读写位置移动到文件开始处。

返回值　：无。

6. 格式化输入输出和错误处理函数

相关函数：printf

头文件　：#include ＜stdio. h＞

函数原型：int printf(const char ＊format, …);

函数说明：printf 会根据参数 format 来转换并格式化数据,然后将结果写到标准输出。

　　　　　参数 format 可包含下列 3 种字符类型:

- 直接输出的一般文本。
- ASCII 控制字符,如\t 、\n 等。
- 格式转换字符。

　　　　　格式转换字符由一个百分号% 及其后的格式字符组成。通常情况下,每个格式转换字符都要和 printf 中的一个参数相对应。常见格式转换符如下:

　　　　　%d　整型参数会被转换成有符号的十进制数;

　　　　　%u　整型参数会被转换成无符号的十进制数;

　　　　　%o　整型参数会被转换成无符号的八进制数;

　　　　　%x　整型参数会被转换成无符号的十六进制数,以小写 abcdef 表示;

　　　　　%X　整型参数会被转换成无符号的十六进制数,以大写 ABCDEF 表示;

　　　　　%f　浮点型参数会被转换成十进制数;

　　　　　%c　字符型参数会被转换成 ASCII 码表中对应的字符输出;

　　　　　%s　指向字符串的参数会被逐个字符输出,直到遇到' \0'。

返回值　：执行成功返回输出的字符数,失败则返回 −1,失败原因保存于 errno 中。

相关函数：fprintf

头文件　：#include ＜stdio. h＞

函数原型：int fprintf(FILE ＊stream, const char ＊format, …);

函数说明：fprintf 会根据参数 format 来转换并格式化数据,然后将结果输出到参数 stream 指向的文件中。

返回值　：执行成功返回输出的字符数,失败则返回 −1,失败原因保存于 errno 中。

相关函数：sprintf

头文件　：#include ＜stdio. h＞

函数原型：int sprintf(char ＊str, const char ＊format, …);

函数说明：sprintf 会根据参数 format 来转换并格式化数据,然后将结果复制到参数 str 指向的字符数组。

返回值　：执行成功返回字符串 str 的长度,失败则返回 −1,失败原因保存于 errno 中。

相关函数：scanf

头文件　：#include ＜stdio. h＞

函数原型：int scanf(const char ＊format, …);

函数说明：printf 会将输入的数据根据参数 format 来转换并格式化数据,然后将结果保存到指定的变量中。

常见格式转换符如下:

%d　输入的数据为十进制数;

%u　输入的数据为无符号的十进制数;

%o　输入的数据为无符号的八进制数;

%x　输入的数据为无符号的十六进制数,以小写 abcdef 表示;

%X　整型参数会被转换成无符号的十六进制数,以大写 ABCDEF 表示;

%f　输入的数据为 float 型数,转换后存于 float 类型变量;

%lf　输入的数据为 double 型数,转换后存于 double 类型变量;

%c　输入的数据为单个字符;

%s　输入的数据为字符串。

格式化参数后面的为保存输入数据的参数,必须是保存数据的变量的地址。

返回值　：执行成功返回输入的参数的个数,失败则返回 −1,失败原因保存于 errno 中。

相关函数：fscanf

头文件　：#include ＜stdio. h＞

函数原型：int fscanf(FILE ＊stream, const char ＊format, …);

函数说明：fscanf 会从参数 stream 指向的文件流中读取字符串,再根据参数 format 来转换并格式化数据。

返回值　：执行成功返回参数数目,失败则返回 −1,失败原因保存于 errno 中。

相关函数：strerror

头文件　：#include ＜string. h＞

　　　　　#include ＜errno. h＞

函数原型：char ＊strerror(int errnum);

函数说明：strerror 根据 errnum 来查询其错误原因的描述字符串并返回指向该字符串的指针。

返回值　：返回描述错误原因的字符串指针。

相关函数：perror

头文件　：#include ＜string. h＞

函数原型：void perror(const char ＊s);

函数说明：perror 将上一个函数发生错误的原因输出到标准输出。参数 s 所指的字符串会先输出,再输出错误的原因。错误原因依照全局变量 errno 的值来确定。

返回值　：无。

相关函数：ferror

头文件　：#include ＜stdio. h＞

函数原型：int ferror(FILE ＊stream);

函数说明：ferror 检查参数 stream 所指向的文件流是否发生了错误情况。

返回值　：如果有错误返回非 0 值。

7. 文件和目录函数

相关函数：stat

头文件　：#include ＜sys/stat. h＞

　　　　　#include ＜unistd. h＞

函数原型：int stat(const char ＊path, struct stat ＊buf);

函数说明：stat 用来将参数 path 指向的文件的属性复制到参数 buf 所指向的结构中

　　　　　类型 struct stat 定义如下：

```
struct stat
{
    dev_t          st_dev;      //  文件的设备编号
    ino_t          st_ino;      //  文件的 i-node
    mode_t         st_mode;     //  文件的类型和访问权限
    nlink_t        st_nlink;    //  文件的硬链接数
    uid_t          st_uid;      //  文件所有者的用户识别码
    gid_t          st_gid;      //  文件所属组的识别码
    dev_t          st_rdev;     //  若文件为设备文件,则为设备编号
    off_t          st_size;     //  文件大小,以字节计算
    unsigned long  st_blksize;  //  文件系统的 I/O 缓冲区大小
    unsigned long  st_blocks;   //  占用文件块的个数
    time_t         st_atime;    //  文件最近一次被存取或执行的时间
    time_t         st_mtime;    //  文件最后一次被修改的时间
    time_t         st_ctime;    //  i-node 最近一次被修改的时间
};
```

返回值　：执行成功返回 0,失败返回 −1,错误代码存于 errno。

相关函数：fstat

头文件　：#include ＜sys/stat. h＞

　　　　　#include ＜unistd. h＞

函数原型：int fstat(int fd, struct stat ＊buf);

函数说明：fstat 用来将参数 fd 指向的文件的属性复制到参数 buf 所指向的结构中。

fstat 和 stat 作用完全一样,区别在于通过文件描述符而不是路径来指定
文件。

返回值　　:执行成功返回 0,失败返回 -1,错误代码存于 errno。

相关函数:lstat

头文件　　:#include ＜sys/stat.h＞

　　　　　　#include ＜unistd.h＞

函数原型:int lstat(const char ＊path, struct stat ＊buf);

函数说明:lstat 与 stat 作用相同,都是取得指定文件的属性。差别在于,当目标文件
　　　　　　为符号链接时,lstat 会返回该链接本身的属性。

返回值　　:执行成功返回 0,失败返回 -1,错误代码存于 errno。

相关函数:link

头文件　　:#include ＜unistd.h＞

函数原型:int link(const char ＊oldpath, const char ＊newpath);

函数说明:link 用参数 newpath 指定的名称创建一个新的硬链接到参数 oldpath 所指
　　　　　　定的已存在文件。

返回值　　:执行成功返回 0,失败返回 -1,错误代码存于 errno。

相关函数:symlink

头文件　　:#include ＜unistd.h＞

函数原型:int symlink(const char ＊oldpath, const char ＊newpath);

函数说明:symlink 用参数 newpath 指定的名称创建一个新的符号链接到参数 oldpath
　　　　　　所指定的文件,该文件不一定要存在。

返回值　　:执行成功返回 0,失败返回 -1,错误代码存于 errno。

相关函数:chmod

头文件　　:#include ＜sys/types.h＞

　　　　　　#include ＜sys/stat.h＞

函数原型:int chmod(const char ＊path, mode_t mode);

函数说明:chmod 会按照参数 mode 指定的权限来修改参数 path 指向的文件。

返回值　　:执行成功返回 0,失败返回 -1,错误代码存于 errno。

相关函数:truncate

头文件　　:#include ＜unistd.h＞

函数原型:int truncate(const char ＊path, off_t length);

函数说明:truncate 将参数 path 指定的文件大小修改为参数 length 指定的大小。若
　　　　　　原来文件大小超出 length,则超出的部分被删去。

返回值　　:执行成功返回 0,失败返回 -1,错误代码存于 errno。

相关函数:rename

头文件　　:#include ＜stdio.h＞

函数原型:int rename(const char ＊oldpath, const char ＊newpath);

函数说明：rename 将参数 oldpath 所指定的文件名改成参数 newpath 所指定的文件名称。

返回值　：执行成功返回 0，失败返回 -1，错误代码存于 errno。

相关函数：remove

头文件　：#include <stdio.h>

函数原型：int remove(const char * path);

函数说明：remove 删除参数 path 所指定的文件。

返回值　：执行成功返回 0，失败返回 -1，错误代码存于 errno。

相关函数：chdir

头文件　：#include <unistd.h>

函数原型：int chdir(const char * path);

函数说明：chdir 将当前的工作目录改变到参数 path 指定的路径。

返回值　：执行成功返回 0，失败返回 -1，错误代码存于 errno。

相关函数：mkdir

头文件　：#include <sys/stat.h>

函数原型：int mkdir(const char * filename, mode_t mode);

函数说明：mkdir 创建以参数 filename 命名的目录，参数 mode 表示新目录的权限。

返回值　：执行成功返回 0，失败返回 -1，错误代码存于 errno。

相关函数：opendir

头文件　：#include <sys/types.h>
　　　　　#include <dirent.h>

函数原型：DIR * opendir(const char * name);

函数说明：opendir 打开参数 name 指定的目录，并返回 DIR * 形式的目录流。

返回值　：执行成功返回打开的目录流，失败返回 NULL，错误代码存于 errno。

相关函数：readdir

头文件　：#include <sys/types.h>
　　　　　#include <dirent.h>

函数原型：struct dirent * readdir(DIR * dir);

函数说明：readdir 返回参数 dir 所指向的目录流的下一个 entry，结构 dirent 定义如下：

```
struct dirent
{
    __ino_t    d_ino;          //  此条目的 inode
    __off_t    d_off;          //  从目录文件开始到该条目的位移
    unsigned short int  d_reclen;   //  d_name 的长度，不包含 NULL
    unsigned char    d_type;      //  d_name 的文件类型
    char      d_name[256];     //  文件名
```

　　　　　　　}

返回值　　：执行成功返回下一个条目,失败或读到目录文件末尾返回 NULL。

相关函数：closedir

头文件　　：#include ＜sys/types.h＞

　　　　　　#include ＜dirent.h＞

函数原型：int closedir(DIR ∗dir);

函数说明：closedir 关闭参数 dir 指向的目录流。

返回值　　：执行成功返回 0,失败返回 −1,错误代码存于 errno。

相关函数：getcwd

头文件　　：#include ＜unistd.h＞

函数原型：char ∗getcwd(char ∗buf, size_t size);

函数说明：getcwd 将当前的工作目录绝对路径复制到参数 buf 所指向的内存空间。
　　　　　　参数 size 为 buf 空间的大小。

返回值　　：执行成功返回 buf 的值,失败返回 NULL,错误代码存于 errno。

8. 进程相关函数

相关函数：abort

头文件　　：#include ＜stdlib.h＞

函数原型：void abort(void);

函数说明：引起进程异常终止,此时所有已打开的文件流会自动关闭,缓冲区里的数
　　　　　　据也会自动写回。

返回值　　：无。

相关函数：assert

头文件　　：#include ＜assert.h＞

函数原型：void assert(int expression);

函数说明：该函数会判断参数 expression 是否成立。若不成立则会显示错误信息并
　　　　　　调用 abort 来终止进程。

返回值　　：无。

相关函数：exit

头文件　　：#include ＜stdlib.h＞

函数原型：void exit(int status);

函数说明：用来正常终止目前进程的执行,并把参数 status 返回给父进程。进程所有
　　　　　　的缓冲区数据会自动写回并关闭所有的文件。

返回值　　：无。

相关函数：_exit

头文件　　：#include ＜unistd.h＞

函数原型：void _exit(int status);

函数说明：用来立刻终止目前进程的执行，并把参数 status 返回给父进程。但不会处理缓冲区数据和打开的文件。

返回值　：无。

相关函数：fork

头文件　：#include ＜unistd. h＞

函数原型：pid_t fork(void);

函数说明：创建一个新的子进程，子进程会复制父进程的数据和堆栈空间，并继承父进程的用户代码、组代码、环境变量、已打开的文件等。

返回值　：若成功在父进程返回新创建的子进程的进程号，而在子进程中返回 0；如果失败则返回 −1。

相关函数：getpid

头文件　：#include ＜unistd. h＞

函数原型：pid_t getpid(void);

函数说明：取得当前进程的进程号。

返回值　：当前进程的进程号。

相关函数：getppid

头文件　：#include ＜unistd. h＞

函数原型：pid_t getppid(void);

函数说明：取得当前进程的父进程的进程号。

返回值　：当前进程的父进程的进程号。

相关函数：system

头文件　：#include ＜stdlib. h＞

函数原型：int system(const char ＊string);

函数说明：该函数会调用 fork 创建子进程，由子进程来执行参数 string 代表的命令。

返回值　：调用成功时会返回执行命令后的返回值，否则要检查 errno 来确定原因。

相关函数：wait

头文件　：#include ＜sys/types. h＞

　　　　　#include ＜sys/wait. h＞

函数原型：pid_t wait(int ＊status);

函数说明：暂停当前进程的执行，直到有信号来或子进程结束。如果在调用 wait 时子进程已经结束，则会立刻返回。子进程的结束状态值由参数 status 返回。

返回值　：结束的子进程的进程号。

相关函数：waitpid

头文件　：#include ＜sys/types. h＞

　　　　　#include ＜sys/wait. h＞

函数原型：pid_t waitpid(pid_t pid, int ＊status, int options);

函数说明：暂停当前进程的执行，直到有信号来或子进程结束。如果在调用 waitpid 时子进程已经结束，则会立刻返回。子进程的结束状态值由参数 status 返回。

参数 pid 含义如下：

pid < −1　　等待进程组号等于 pid 绝对值的任何子进程

pid = −1　　等待任何子进程，相当于 wait

pid = 0　　等待进程组号与当前进程相同的任何子进程

pid > 0　　等待进程号为 pid 的子进程

参数 options 含义如下：

0　　　　　阻塞父进程，等待子进程退出

WNOHANG　如果没有子进程退出立刻返回

WUNTRACED　如果子进程进入暂停状态则马上返回

返回值　：如果执行成功则返回子进程号，如果有错误发生则返回 −1，失败原因保存于 errno 中。

相关函数：execl

头文件　：#include <unistd.h>

函数原型：int execl(const char * path, const char * arg, …);

函数说明：execl 用来执行参数 path 字符串所代表的文件，后面的参数代表执行该文件时传递过去的参数 argv[0]、argv[1]……最后一个参数必须是 NULL。

返回值　：若执行成功则函数不会返回，执行失败则返回 −1，失败原因保存于 errno 中。

相关函数：execle

头文件　：#include <unistd.h>

函数原型：int execle(const char * path, const char * arg, …, char * const envp[]);

函数说明：execle 用来执行参数 path 字符串所代表的文件，后面的参数代表执行该文件时传递过去的参数 argv[0]、argv[1]……最后一个参数必须指向一个新的环境变量数组，此数组会成为新执行进程的环境变量。

返回值　：若执行成功则函数不会返回，执行失败则返回 −1，失败原因保存于 errno 中。

相关函数：execlp

头文件　：#include <unistd.h>

函数原型：int execlp(const char * file, const char * arg, …);

函数说明：execlp 会从 PATH 环境变量包含的路径中查找符合参数 file 的文件名，找到后执行该文件，然后将后面的参数当作 argv[0]、argv[1]……最后一个参数必须是 NULL。

返回值　：若执行成功则函数不会返回，执行失败则返回 −1，失败原因保存于 errno 中。

相关函数：execv

头文件　：#include ＜unistd. h＞

函数原型：int execv(const char ＊path, char ＊const argv[ ]);

函数说明：execl 用来执行参数 path 字符串所代表的文件,参数 argv 是一个指针数组,相当于 execl 中后面的多个参数都用指针数组传递给执行文件。

返回值　：若执行成功则函数不会返回,执行失败则返回 − 1,失败原因保存于 errno 中。

相关函数：execve

头文件　：#include ＜unistd. h＞

函数原型：int execve(const char ＊path, char ＊const argv[ ], char ＊const envp[ ]);

函数说明：execve 用来执行参数 path 字符串所代表的文件,第二个参数利用指针数组来传递给执行文件,最后一个参数传递新的环境变量。

返回值　：若执行成功则函数不会返回,执行失败则返回 − 1,失败原因保存于 errno 中。

相关函数：execvp

头文件　：#include ＜unistd. h＞

函数原型：int execvp(const char ＊file, char ＊const argv[ ]);

函数说明：execvp 从环境变量 PATH 包含的路径里查找文件 file,找到后执行该文件,然后将第二个参数 argv 传递给要执行的文件。

返回值　：若执行成功则函数不会返回,执行失败则返回 − 1,失败原因保存于 errno 中。

参考文献

［1］邹思轶.嵌入式 Linux 设计与应用［M］.北京:清华大学出版社,2002.

［2］王学龙.嵌入式 Linux 系统设计与应用［M］.北京:清华大学出版社,2001.

［3］张晓林,崔迎炜.嵌入式系统设计与实现［M］.北京:北京航空航天大学出版社,2006.

［4］杜春雷.ARM 体系结构与编程［M］.北京:清华大学出版社,2007.

［5］张石.嵌入式系统技术教程［M］.北京:人民邮电出版社,2009.

［6］穆煜.嵌入式应用程序设计［M］.北京:人民邮电出版社,2009.

［7］赵苍明,穆煜.嵌入式 Linux 应用程序开发教程［M］.北京:人民邮电出版社,2009.